AquaRating——一种供排水绩效评估的国际标准

[德] 马蒂亚・克劳斯　[西班牙] 恩里克・卡布雷拉
[西班牙] 弗朗西斯科・古比路　[西班牙] 卡洛斯・底法兹　著
[智利] 乔治・杜奇
郑　强　韩　伟　李　爽　译

中国建筑工业出版社

图书在版编目（CIP）数据

AquaRating：一种供排水绩效评估的国际标准/(德) 马蒂亚·克劳斯等著；郑强，韩伟，李爽译. —北京：中国建筑工业出版社，2019. 1
ISBN 978-7-112-23064-8

Ⅰ. ①A… Ⅱ. ①马…②郑…③韩…④李… Ⅲ. ①排水-评估-国际标准 Ⅳ. ①TU992-65

中国版本图书馆 CIP 数据核字（2018）第 284022 号

责任编辑：于 莉
责任校对：姜小莲

AquaRating——一种供排水绩效评估的国际标准

［德］马蒂亚·克劳斯 ［西班牙］恩里克·卡布雷拉
［西班牙］弗朗西斯科·古比路 ［西班牙］卡洛斯·底法兹 著
［智利］乔治·杜奇
郑 强 韩 伟 李 爽 译
*
中国建筑工业出版社出版、发行（北京海淀三里河路 9 号）
各地新华书店、建筑书店经销
北京科地亚盟排版公司制版
北京建筑工业印刷厂印刷
*
开本：787×1092 毫米 1/16 印张：11 字数：273 千字
2019 年 2 月第一版 2019 年 2 月第一次印刷
定价：**39.00** 元
ISBN 978-7-112-23064-8
（33136）

译者序

AquaRating 是针对水务行业的评级系统。通过开展严格、系统和通用的评估，AquaRating 可持续提升供水和污水服务的管理水平。

AquaRating 的评估过程包括三个阶段：

1. 绩效评估：在此阶段，水务运营单位需提供根据 AquaRating 标准开展自评估所需的信息；

2. 绩效认证：在此阶段，审计员对水务运营单位提供的信息进行审核；在审计结果基础上，AquaRating 对该运营单位所获得的绩效等级进行认证；

3. 绩效提升：在此阶段，水务运营单位可基于已开展的绩效评估结果，制定相应的绩效提升行动方案。

本书提供了一套完整的 AquaRating 标准文件。AquaRating 是一套适用于不同地区的供水和污水绩效评级系统，它有以下三个特征：

1. 全面性：涵盖了绩效相关的各个领域；

2. 定量和定性指标：是基于优秀实践和绩效指标的完整的水务评级系统；

3. 可审计性：能为绩效提升提供支持信息，且在不同发展水平下均可通用。

译者相信本书的出版，将对我国水务行业的绩效管理与可持续性发展有很好的借鉴作用。

致　谢

AquaRating 是许多人多年来工作的成果，本书作者和 AquaRating 技术委员会的成员都希望明确地表达感谢，AquaRating 团队的成员有 María del Rosario Navia，Daniel Fernández，Iván Montalvo 和 Raimon Puigjaner，正是他们每天对项目的投入才使得该水务评估系统得以成功开发。

我们非常感谢 AquaRating 举办的讨论组和研讨会的参与者，他们抽出了宝贵的时间来分享他们的观点并提出建议，帮助制定了目前的评级标准。

尤其感谢参与 AquaRating 开发测试的来自欧洲和拉丁美洲九个国家的 13 家公共事业单位，正是他们在测试过程中的配合以及提出的建议才使得 AquaRating 标准得以改进。这 13 家单位按字母顺序排列分别为：Agua y Saneamientos Argentinos（AySA），Argentina；Aguas Andinas，Santiago，Chile；Aguas de Alicante，Spain；Aguas de Cartagena，Colombia；Companhia de Saneamento Básico do Estado de São Paulo（SABESP），Brazil；Corporación del Acueducto y Alcantarillado de Santiago，Dominican Republic；Empresa de Acueducto y Alcantarillado de Pereira，Colombia；Empresa Municipal de Aguas de Córdoba，Spain；Empresa Pública Metropolitana de Agua Potable y Saneamiento de Quito，Ecuador；Empresas Públicas de Medellín（EPM），Colombia；FCC Aqualia Almería，Spain；Obras Sanitarias del Estado，Uruguay；Servicios de Agua y Drenaje de Monterrey，Mexico.

最后要感谢美洲开发银行（IDB）和国际水协会（IWA）及其管理人员的巨大支持，尤其是 IDB 的 Federico Basañes，Sergio I. Campos G. 和 Paul Constance 以及 IWA 的 Ger Bergkamp 和 Tom Williams。IDB 从一开始就促进并资助了 AquaRating 的开发，并为其提供了技术和支持团队，IWA 作为水部门的知识网络，为 AquaRating 的研发和传播做出了重大贡献，并正在领导其实际应用。

2015 年 3 月

AquaRating 技术委员会

Matthias Krause（协调员）

Enrique Cabrera Rochera

Francisco Cubillo

Carlos Díaz

Jorge Ducci

原版书作者简介

马蒂亚·克劳斯博士

AquaRating 技术委员会协调人。现为华盛顿美洲开发银行（IDB）供水与污水部高级专家。在 2010 年加入 IDB 以前，他作为一名高级研究员在德国波恩发展研究所工作了 8 年，为德国政府和国际组织提供关于基础设施发展的建议。他的专业领域是水管理、私营部门参与、公司治理和供水与污水业的绩效评价。著有《水与污水的政治经济学》。马蒂亚·克劳斯拥有德国吉森大学经济学博士学位。

恩里克·卡布雷拉博士

AquaRating 技术委员会成员。具有 15 年以上的城市供水服务管理经验。他的博士论文是关于绩效考核与标杆管理的分析。他是国际水协会（IWA）供水服务绩效管理手册的共同作者。他目前是国际水协会出版社董事会主席和国际水协会董事会成员，也是国际水协会绩效管理专家组主席。此外，他作为第 2 工作组总裁（起草了 ISO 24510 标准）在起草 ISO 24500 水务服务标准中起到了关键的作用。恩里克·卡布雷拉博士是巴伦西亚大学理工学院副教授，讲授流体力学并担任工业工程的创新与交流副主任。

弗朗西斯科·古比路

AquaRating 技术委员会成员，现任 Canal Isabel II Gestión 公司调查、发展与创新副主任。该公司负责西班牙马德里 170 个自治市区 600 多万名居民的供水处理、输配及废水处理。他是国际水协会（IWA）供水服务绩效管理手册的共同作者。2001～2011 年任国际水协会城市水效管理专家组主席，现任国际水协会可替代资源组主席以及西班牙供排水供应商协会的调查、发展和创新委员会主席。弗朗西斯科·古比路拥有在公用公司和私有工程咨询公司超过 30 年以上的城市供水管理及水资源规划经验。他出版了 22 本专业书并发表了 100 多篇论文。作为讲师，他讲授包括供应管理系统、水文、技术开发与环境等一系列课程。

卡洛斯·底法兹

AquaRating 技术委员会成员，有 30 年以上咨询与企业管理的专业经验。拥有工商管理、会计等商业工程学位，目前任西班牙 Soluciones Integrales 公司董事总经理。Soluciones Integrales 公司是一家从事基础设施，特别是供水和污水服务基础设施的经济、金融和

技术分析的咨询公司。他曾作为供水与污水咨询专家为美洲开发银行服务。是两家智利供排水公司的董事会成员。早期作为财务专家在智利首都圣地亚哥工作。1990 年 4 月至 1998 年 7 月任智利公共工程部的国家会计和财务主任。1979 年 10 月至 1990 年 3 月，他在智利普华咨询部先后任顾问、首席顾问、咨询总监。

乔治·杜奇

AquaRating 技术委员会成员，智利天主教大学和康奈尔大学经济学家。目前是华盛顿美洲开发银行供水与污水部首席专家。1983～1990 年，任美洲开发银行基础设施部的项目评估经济学家。1990～1993 年，任智利公共工程部的规划部主任。1993～2008 年任 Soluciones Integrales 公司合伙人兼董事总经理，Soluciones Integrales 公司是一家从事基础设施，特别是供水和污水服务基础设施的经济、金融和技术分析的咨询公司。他是若干水务研究论文的作者，他特别分析了外国水务运营商离开拉丁美洲的原因。

目 录

引 言

什么是 AquaRating

AquaRating 是一种全新的水务评估系统，目的是通过严格的、系统的、通用的评估手段，促进饮用水和污水服务的可持续发展。

AquaRating 提供了一种全新而通用的标准，用以评估饮用水和污水服务公司。AquaRating 标准按照 112 个评估元素组成的 8 个方面来综合评估饮用水和污水服务，对每项进行评估打分。各项的单项评分累加组成了该企业的总分（0～100）。评估项划分为最佳实践、运行指标和信息质量。若企业符合最佳实践并获得各项指标的最高分数，则表明该企业提供了十分优异的服务，即可获得最高分 100 分。

AquaRating 的特征描述和 AquaRating 的认证仅基于供排水公司提供的信息，因此，此类信息的责任和准确性仅限于该公司。同样，审计公司的审计结果是基于供排水公司提供的信息，因此，美洲开发银行（IDB）和国际水协会（IWA）均不对审计结果负责或证明。本出版物中提供的信息和给出的意见不一定是 IWA 的信息和意见，不应在没有独立考虑和专业建议的情况下采取行动。IWA 及其编辑和作者不对任何人因使用或不使用本出版物中的任何材料而遭受的任何损失或损害承担责任。

更多的信息请浏览 AquaRating 的网站，www.aquarating.org。

AquaRating 的功能

AquaRating 标准设计的目的是用于评估世界各地的城市饮用水和污水事业的运营。AquaRating 的主要用户是饮用水供应和污水处理的公共事业单位。鉴于该系统的透明性和公共评级结构，可以针对指定领域的主要管理元素进行客观评估，其他水务利益相关者，如金融机构、发展合作处、法规和公共事业管理机构也可使用该系统。

AquaRating 具有如下特点：

（1）该系统可以对饮用水和污水公共事业进行客观、独立、通用的评估；

（2）对企业绩效进行全面而详尽的分析；

（3）鉴别企业改进绩效的机会，阐明改进计划并监督实施，为企业绩效和发展建立声誉；

（4）拓展获得公共机构或金融机构提供的财务或能力建设资源的渠道；

（5）对于评估结果显示绩效良好且致力于发展的企业，有助于其扩大市场。

只有全面认识到企业当前的绩效标准，才能编制并实施健全合理的改善计划，提供从质量、效率、可持续性以及透明性来说都更为优质的服务。

AquaRating 评估步骤

应用 AquaRating 对公共事业单位进行评估并制作全面的评估报告。报告针对评估中使用的各个项目，提出相应的改进点。企业可根据评估结果制定相应的行动方案，以解决评估中发现的问题。

全面应用 AquaRating 评估的过程包括以下阶段：

步骤 1：绩效评估

在这一阶段，企业根据 AquaRating 标准提供进行自我评估所需的信息。

步骤 2：绩效认证

在这一阶段，审计员将核实企业提供的信息，并且根据审计结果，AquaRating 认证所获的绩效评分。

步骤 3：绩效提高

在这一阶段，企业根据 AquaRating 得出的绩效评估结果制定行动方案。

在第一阶段中，企业应根据 AquaRating 标准在一个安全的 IT 平台上提供自我评估所需的所有信息，该平台只能由企业和 AquaRating 管理者登录。一旦提交数据后，平台可以生成综合或若干特定方面的内部报告，使企业能够掌握全局或独立部分的分析结果。

评分的认证是 AquaRating 过程的关键部分，因为其给出了评分的客观性和通用性。为了保证客观性和通用性并建立提供信息的可靠性，所有用于计算的信息都必须留有文档记录且经过独立审计认证。审计认证应由 AquaRating 认可的审计员完成。在该过程中，企业选择的通过认可的审计员有权获取 IT 平台上的信息并对其进行审核。认证结果应出具认证报告并加盖 AquaRating 的质检章。

评分和评估过程中相关的所有信息必须保密，被评估企业全权决定是否公开全部或部分信息。

AquaRating 标准

AquaRating 的特性使之成为评估饮用水和污水企业的通用标准，这些特性如下：

（1）通用性（在任何情况下有效）；

（2）综合评估（涵盖绩效相关的所有方面）；

（3）确保基于指标和实践对公共事业单位的全面评估；

（4）能够评估当前绩效和改进潜力；

（5）能够提供用于改进服务的相关信息；

（6）可审核性。

AquaRating 包含两个基本的评估元素：

（1）指标：基于 IWA 已确立的指南和 ISO 24500 标准，AquaRating 指标的评分都伴随着使用标准化函数对每个特定元素进行评分。

（2）良好实践：对于每项评估，AquaRating 选择一系列出色的绩效表现作为良好实践。企业得分取决于在所评估的服务中所完成实践的数量。

通过评估企业的管理服务及地理、经济和社会差异的数值结果并不会对评估结论产生巨大的影响，因为它们纯粹是以指标为基础的方法。然而，选择实践作为评估要素可为企业明确规划：一家现在表现良好但缺乏良好实践的企业可能面临如何持续发展的问题，而一家现在表现欠佳但管理有方的企业必定在未来拥有很大的上升空间。企业将尚未开展的实践工作作为企业目标，AquaRating 中的良好实践终将成为引导企业进步的指南。

AquaRating 的另一个重要部分是审计系统和有保障的信息质量。在许多指标系统中，对于信息可靠性变化较大的评估，数据质量是有效评估的基石。获得饮用水和污水企业高质量的信息不是偶然的，而是规划和完善的数据管理的结果。因此，AquaRating 通过系统可靠性表对辅助信息的可靠性进行评估，并通过可靠性函数对评分进行修正。

最后，评分系统中 IT 的应用可以很好地适应被评估企业的服务范围。AquaRating 将服务分为如下几个阶段：

(1) 饮用水生产；

(2) 饮用水配送；

(3) 污水收集；

(4) 最终污水处理与处置。

AquaRating 也具有如下服务功能：

(1) 客户管理；

(2) 与上述各服务阶段相关的基础设施的运行和维护；

(3) 更新现有实物资产的融资活动；

(4) 增加和扩充现有实物资产，或新增实物资产的融资活动。

企业并非必须完成一个或者多个服务阶段，系统通过过滤可以忽略不适用于当前企业的评估元素，并相应重新计算各项的权重。AquaRating 评估的最低要求是：企业至少承担饮用水配送或污水收集的客户管理、运行和维护工作。本书的标准展示了当一家企业拥有上述全部四阶段的业务时，所需采用的完整系统。

AquaRating 标准的组成结构

AquaRating 的评级标准分为八大类：服务质量、投资计划与实施效率、运行效率、企业管理效率、财务可持续性、服务的接入、公司治理、环境可持续性。AquaRating 评级分类见图 1。

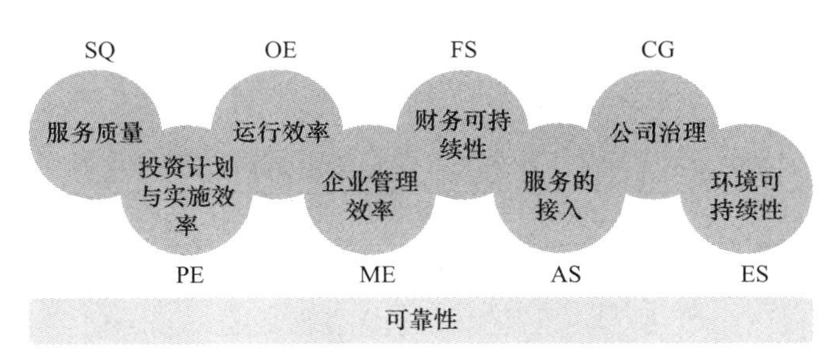

图 1 AquaRating 评级分类

每个评级类别又被分为若干子类。以“服务质量”为例，其被分为 4 个子类，如图 2 所示。

评级所需要的评估元素均能在上述子类中找到。每个子类包含了良好实践、指标或两者皆有。系统评估每个评估元素的支撑数据的可靠性，并利用可靠性表中的修正系数对元素得分进行修正。子类 SQ1 饮用水质量的评估元素如图 3 所示。

各类的评分是由此类下所有评估元素的得分加权求和所得。AquaRating 系统内的每个评估元素的得分范围为 0～100 分，这些子项评分将按照事先制定的权重进行运算。通过以上每个评估元素的加权处理，每一类或子类都获得一项介于 0～100 分之间的最终评估分数。

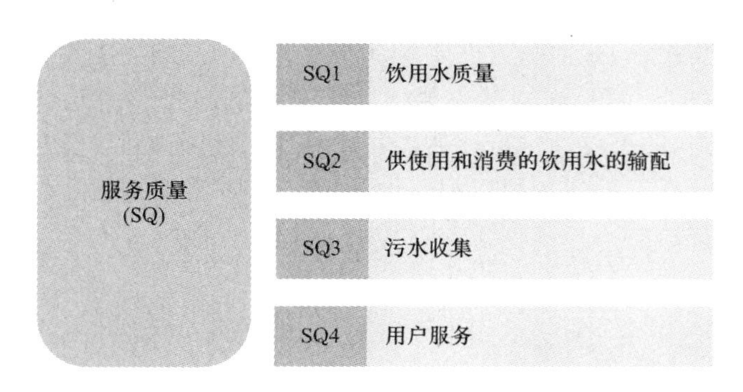

图 2　服务质量类评级分层

每个评估元素都要进行标准化处理以获得介于 0～100 分之间的评分。在表 1 良好实践列表中，每项实践的权重表明了该项实践相对于其他实践而言的重要程度。如果所有的实践条目都符合标准，该评分元素可获得满分 100 分；而部分符合将被按比例扣分，这样的扣分比例是通过该实践权重的函数支撑的。

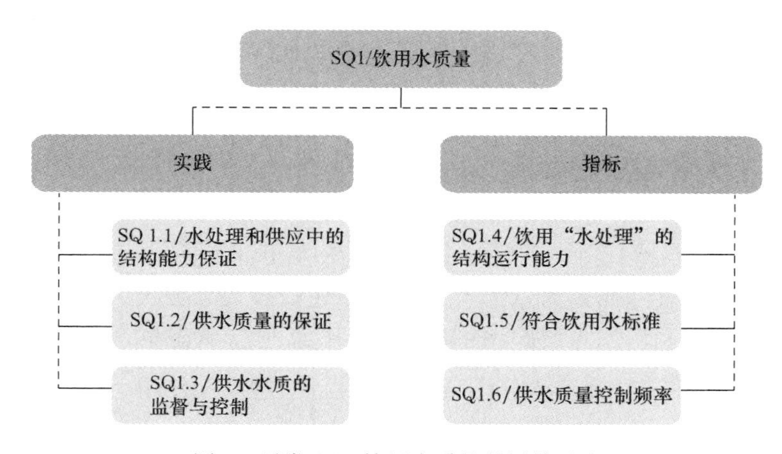

图 3　子类 SQ1 饮用水质量的评估元素

SQ1. 1 水处理和供应中的结构能力保证的良好实践列表　　　**表 1**

序号	实践	可靠性	权重
1	配备消毒系统并覆盖全部服务人口。如果按照适用标准，所使用的水源不需要处理，则这些水源供应的人口被认为使用了符合标准的水	T. 1	3
2	为达到水质标准的要求，除消毒设施外，配备饮用“水处理”设施（额定处理能力大于或等于每日最大消费量）并覆盖全部服务人口	T. 8	2
3	对超过 100000 人的独立供水区域，有可替代“处理”设施。该区域内至少 50%的居民拥有多于一种的饮用水水源。在这些情况不适用的“系统”中，这种实践被看作符合最大可能性水平	T. 8	1
4	分析判断是否存在不符合供水质量标准的风险区域，经确认后，需制定合适的解决方案	T. 4	1
5	配水管网的设计准则需考虑水质问题（如管网中的滞留水、空管道的拆除等）	T. 2	1
6	研究确定是否存在消毒剂浓度低于相关规定值的风险区域，并制定措施确保配水管网中消毒剂的最低值及均匀分布	T. 4	1

在进行指标评估时，使用标准化函数对各项指标进行标准化。标准化函数对每个指标

定义了期望值，用横坐标表示指标值，纵坐标为标准化的评分值。图 4 显示了与饮用水标准相符的百分数（合格样本的百分比）。80%相符所得的标准化分值为 0，90%相符对应的标准化分值小于 30，而 100%相符会得到最大分值 100。

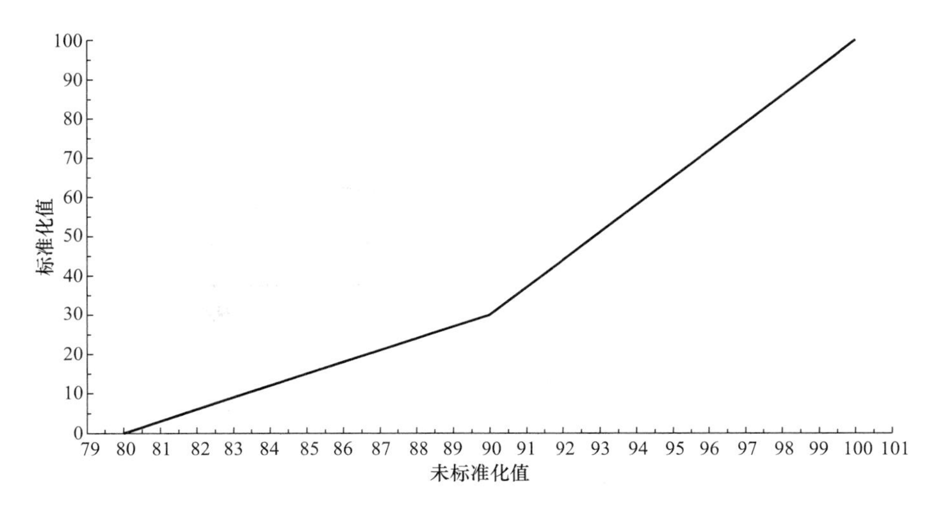

图 4　用于 SQ1.5 的标准化函数

将每层级所有元素的权重评分进行加权求和获得该层级的总评分。因此，系统中每个评分元素有一个预先赋予的独一无二的权重。图 5 显示了如何决定同一层级中不同元素在相应的子类、类和整个服务中的依次评分。

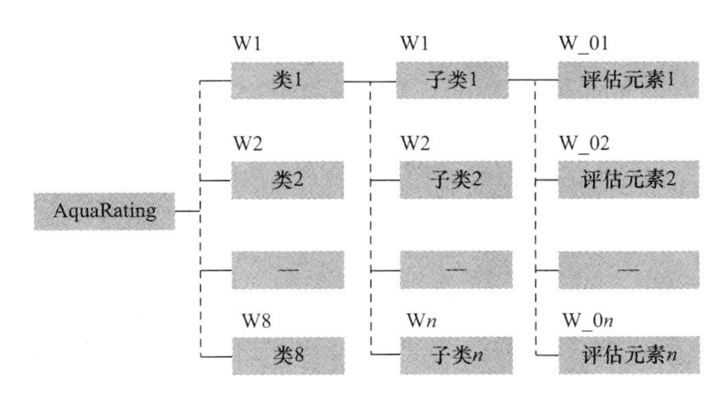

图 5　分级的各项得分加权集合产生总评分

实用性方面

本书包含了 AquaRating 标准在其全部配置中的详细定义以及评估和理解评分系统所需的所有信息。它包含了所有评级的类和子类中的各评估元素的定义，包含了赋予该评估项、子类和类的权重信息。此外，本书还列举了用于解释评估元素的关键词所组成的术语表，这些术语在书中用引号标记。

本书的其他部分结构如下：正文详细定义了八大评估类别，附录包括完整的可靠性表、术语表、描述系统权重结构的列表。

1　服务质量（SQ）

在公用事业管理评估中，所提供饮用水和污水服务的质量是最重要的因素。服务质量直接影响用户的健康、舒适感和他们对公用事业的认可度。这也反映了目前经营状况和已经实施的管理措施对达到当前质量水平的影响。

评估分为 4 个评分的子领域，包括用于消费的水的质量、水量和连续性参数、从居民和企业收集及输送污水的状态、对用户服务的形式，评估中包括用户对服务的感受。

污水处理服务已被列为进行环境可持续性评级的标准之一，因为它和环境相关联，是 AquaRating 体系最好的组成部分。将其分组没有损坏它作为一种服务交付的本质，并且通常可以根据特定的标准和不同的效率单独计费。

服务质量的评估限于与服务交付直接相关的情况和结果，即服务交付的效率。不像其他评估领域，并没有考虑在服务交付中的效率级别，而是包括了一些与规划或运营实践间接相关的内容，如运营的结构能力或对于设备设施、工艺的运行和控制的能力。

评估包含如下子类：

（1）SQ1 饮用水质量；

（2）SQ2 供使用和消费的饮用水的输配；

（3）SQ3 污水收集；

（4）SQ4 用户服务。

1.1　饮用水质量（SQ1）

在供使用和消费的饮用水方面，针对所提供服务的评估依据 3 个指标和 3 组应用实践与过程进行。指标用于评估现有设施对于原水处理与输送的覆盖程度、不同情况下用于消费的水达标程度以及水质量控制强度。至于与所考虑的实践关联的评估要素，其考虑过程旨在确保有足够的结构能力来进行恰当的处理、操作和控制。

实践：

（1）SQ1.1 水处理和供应中的结构能力保证；

（2）SQ1.2 供水质量的保证；

（3）SQ1.3 供水水质的监督与控制。

指标：

（1）SQ1.4 饮用“水处理”的结构运行能力；

（2）SQ1.5 符合饮用水标准；

（3）SQ1.6 供水质量控制频率。

1.1.1 水处理和供应中的结构能力保证（SQ1.1）

类型：最佳实践

服务：饮用水

标准化：根据实践加权

术语：相关法律法规，系统，常规水处理，未符合饮用水质量标准的风险区域

定义：包含表 1-1 的内容

SQ1.1 水处理和供应中的结构能力保证的良好实践列表　　表 1-1

序号	实践	可靠性	权重
1	配备消毒系统并覆盖全部服务人口。如果按照适用标准，所使用的水源不需要处理，则这些水源供应的人口被认为使用了符合标准的水	T.1	3
2	为达到水质标准的要求，除消毒设施外，配备饮用“水处理”设施（额定处理能力大于或等于每日最大消费量）并覆盖全部服务人口	T.8	2
3	对超过 100000 人的独立供水区域，有可替代“处理”设施。该区域内至少 50%的居民拥有多于一种的饮用水水源。在这些情况不适用的“系统”中，这种实践被看作符合最大可能性水平	T.8	1
4	分析判断是否存在不符合供水质量标准的风险区域，经确认后，需制定合适的解决方案	T.4	1
5	配水管网的设计准则需考虑水质问题（如管网中的滞留水、空管道的拆除等）	T.2	1
6	研究确定是否存在消毒剂浓度低于相关规定值的风险区域，并制定措施确保配水管网中消毒剂的最低值及均匀分布	T.4	1

1.1.2 供水质量的保证（SQ1.2）

类型：最佳实践

服务：饮用水

标准化：根据实践加权

术语：相关法律法规，系统，突发事件，预防性维护，设备维修保养，预防性维护程序，设备维修保养程序

定义：包含表 1-2 的内容

SQ1.2 供水质量的保证的良好实践列表　　表 1-2

序号	实践	可靠性	权重
1	所评估“系统”中的全部原水取水口处设有保护措施（标牌、周边保护、围栏等）	T.4	1
2	在水厂中具有落实“预防性维护”的程序，并做好相应的记录	T.2	1
3	在水厂中具有落实“设备维修保养”的程序，并做好相应的记录	T.2	1
4	在服务人口超过 5000 人的水厂中设有自动化流程，以确保无人员时的操作；或者在无自动化流程的水厂中保证人员全天候值班	T.5	3
5	具有分析和解决不符合“相关法律法规”水质的程序，并告知主管机构	T.2	2
6	具有应对水质“突发事件”的安全计划	T.2	1
7	在有多种备用水源的“系统”中，具有确保首次使用的新水源（地下水或地表水）水质的协议；否则，这种水质应符合最高的可靠性水平	T.120	1
8	整合新的基础设施时，需具备保证水质的协议	T.120	1

1.1.3 供水水质的监督与控制（SQ1.3）

类型：最佳实践

服务：饮用水

标准化：根据实践加权

术语：相关法律法规，设备维修保养

定义：包含表1-3的内容

SQ1.3 供水水质的监督与控制的良好实践列表　　表 1-3

序号	实践	可靠性	权重
1	具有自供水水质控制协议，作为调查结果的记录，其适用标准至少和“相关法律法规”一样严格	T.6	1
2	水质检测中心（无论是内部的还是外部的）应通过ISO 17025认证	T.2	2
3	在所有水厂都有运行的设备可以测定物理和化学参数（有永久安装的设备或者在入口、出口和中间过程采样）	T.1	2
4	在所有水厂应保存检测参数的记录	T.6	2
5	具有“设备维修保养”和运行调整的报警阈值	T.2	3
6	具备远程控制系统，可管理水厂的工艺和内部参数	T.3	1
7	水厂和水箱出口处设有自动水质监测站（至少覆盖50%的供水区域）	T.1	1
8	设置有卫生设施网，便于水质样本采集，对应普查人口每20000人应至少设置一个采样点	T.8	2

1.1.4 饮用“水处理”的结构运行能力（SQ1.4）

反映了所用水处理设施的覆盖范围。通过评估使用经过设施处理和分配系统所输送水的人口百分比来实现，不考虑处理方式和运行效率。可能会出现这种情况：设施的有效性不直接取决于“系统”中的设施本身，而是估计在这个“系统”中用户获得服务的潜在质量（水质）的有关指标。

定义：接受经充分的设施“处理”并由相应配水管网提供饮用水服务的人口占“待评估的地理区域”内人口的百分数。

类型：指标

服务：饮用水

术语：系统，常规水处理，待评估的地理区域

公式：([CS1－V1]/[CS1－V2])×100　单位：%

标准化函数如图1-1所示。

变量：

[CS1－V1] 符合某种“处理”形式的供水服务的人口数。

定义：在“待评估的地理区域”内接受经充分的设施“处理”后的饮用水服务，并以家庭为连接的人口数（截至评级日期前的日历年年底）。

单位：人

可靠性：表7

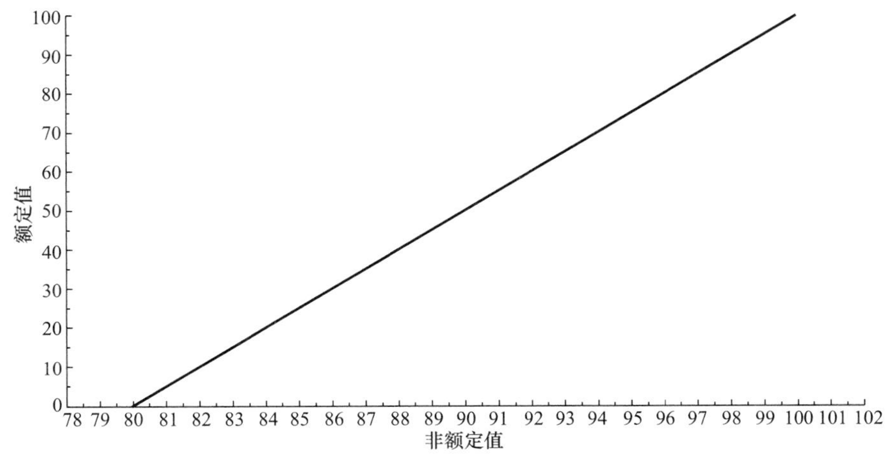

图 1-1　用于 SQ1.4 的标准化函数

[CS1－V2] 在“待评估的地理区域”内饮用水供应的以家庭为连接的人口数。

定义：在“待评估的地理区域”内饮用水供应的以家庭为连接的人口数（截至评级日期前的日历年年底）。

单位：人

可靠性：表 100

1.1.5　符合饮用水标准（SQ1.5）

反映评级日期前的日历年提供的水质标准。其通过比较水样水质分析与相关标准，并量化可获得满足“相关法律法规”条件的水的居民所占百分比来进行评估。

定义：评级日期前一整年内，在“待评估的地理区域”内供水水质符合“相关标准”的服务人口占总人口的比例。

类型：指标

服务：饮用水

术语：相关法律法规，待评估的地理区域

公式：（[CS1－V3]/[CS1－V2]）×100　单位：%

标准化函数如图 1-2 所示。

变量：

[CS1－V2] 在“待评估的地理区域”内饮用水供应的以家庭为连接的人口数。

定义：在“待评估的地理区域”内饮用水供应的以家庭为连接的人口数（截至评级日期前的日历年年底）。

单位：人

可靠性：表 100

[CS1－V3] 符合“相关法律法规”规定的供水水质服务的人口数。

定义：在评级日期前的一整年内，符合“相关法律法规”规定的供水水质所服务的人口数。当设置了控制标准并在执行中全面满足标准时，即可推断该区域供水符合水质标准。

单位：人

可靠性：表 9

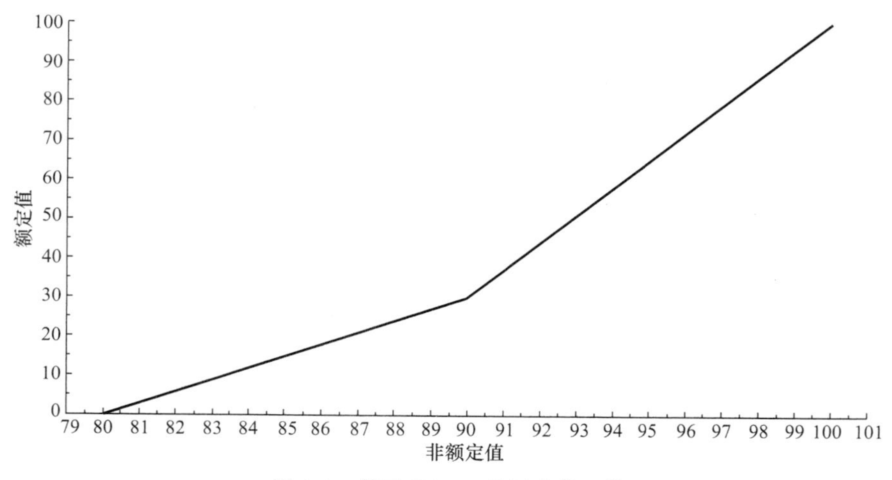

图 1-2 用于 SQ1.5 的标准化函数

1.1.6 供水质量控制频率（SQ1.6）

定义：在整个“系统”中，“供水质量的代表性样本”每年被采集和分析的天数占全年天数的百分比。

类型：指标

服务：饮用水

术语：系统，供水质量的代表性样本

公式：([CS1－V4]/365)×100　单位：%

标准化函数如图 1-3 所示。

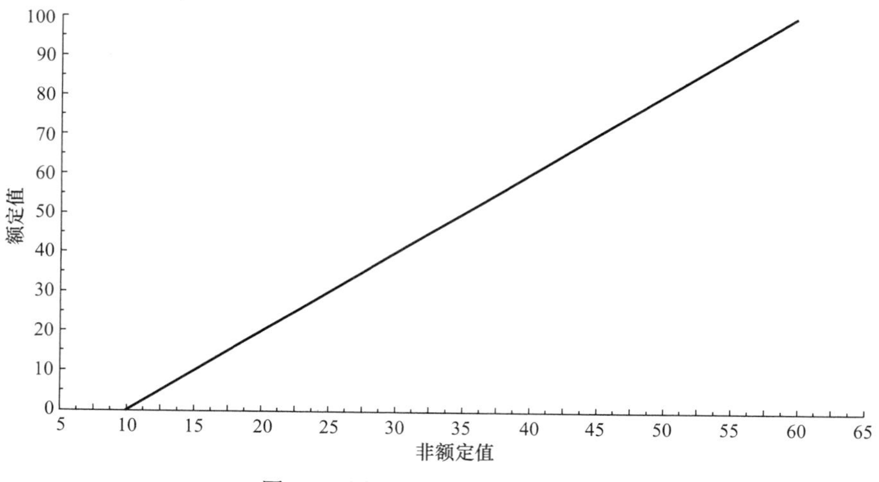

图 1-3 用于 SQ1.6 的标准化函数

变量：

[CS1－V4]“供水质量的代表性样本”每年被采集和分析的天数。

定义：在评级日期前的一整年内，“供水质量的代表性样本”被采集和分析的天数。

单位：d

可靠性：表 10

1.2 供使用和消费的饮用水的输配（SQ2）

本节考虑的饮用水输配的服务质量评价限于几个方面，即在取水口、输水过程、水池存储和配水“系统”服务中正确的运行，不包括饮用水质量（SQ1）、用户服务（SQ4）、服务的接入（AS）等相关问题。因此，考虑的范围仅为在被评估的“系统”中从供水设施到用户房产地点以及系统中由被评估企业管理的用水和耗水点。

所提供的服务质量在其他因素中将取决于现有基础设施的取水和输水能力以及对经处理后水的配水能力。反过来，这种能力又能反映出政府在扩建和更新供水和输配水基础设施时的规划、设计、实施和投资政策是否合理，政府既有权利，也有义务。

这组评估元素考虑了所有与向消费者连续性供水相关的因素，这是供水需达到的基本参数。新用户连接到供水“系统”的时间也要考虑，要理解请求连接和连接完成之间的延迟是不连续的特定形式。

一些参数通常用于判断服务的连续性，如已包括在运行效率（OE）中的管道破裂数量，虽然这可以用来确定在供水和服务中不连续的情况，但还是将其链接到基础设施管理实践中更合适。

实践：

（1）SQ2.1 供应和输配水结构能力的保证；

（2）SQ2.2 运行中供水连续性的保证；

（3）SQ2.3 供应连续性的监督与控制。

指标：

（1）SQ2.4 供水连续性；

（2）SQ2.5 将新用户连接到饮用水服务所用的时间。

1.2.1 供应和输配水结构能力的保证（SQ2.1）

类型：最佳实践

服务：饮用水

标准化：根据实践加权

术语：系统，突发事件

定义：包含表 1-4 的内容

SQ2.1 供应和输配水结构能力的保证的良好实践列表　　表 1-4

序号	实践	可靠性	权重
1	在供水和配水中所采用的标准服务压力和连续性数值	T.2	3
2	供水和配水基础设施的设计考虑到尽量减少“突发事件”的影响，并遵循服务标准	T.2	2
3	在计划更新供配水“系统”设施时，所采用的标准要考虑到对服务连续性影响的风险	T.2	2
4	供水和配水设施的规划与调整所采用的标准要防止服务中断和压力意外变化的风险	T.2	1

1.2.2 运行中供水连续性的保证（SQ2.2）

类型：最佳实践

服务：饮用水
标准化：根据实践加权
术语：系统
定义：包含表 1-5 的内容

SQ2. 2 运行中供水连续性的保证的良好实践列表 表 1-5

序号	实践	可靠性	权重
1	每 3 年至少进行一次供水和输配水系统组件的外观检查和接触性检查	T. 11	1
2	每 3 年至少进行一次供水和输配水系统组件操作状态查验，其中表面外观检查和操作测试是可能实现的	T. 11	1
3	供水和输配水“系统”中的组件是有区别的，这些基本的或战略重要性被突出显示。这些差异必须在所有用于规划和操作的基础设施数据库中进行说明，并且必须在现场所有可见的或可操作系统的组件上进行标识	T. 4	2
4	每 6 个月检查一次基本的或战略重要性的供水和输配水“系统”组件	T. 6	2
5	在供水和输配水“系统”设施检查中发现的问题，包括信息不一致，6 个月内要得到解决	T. 6	2
6	巡线工作每年查出管网 5%长度的泄漏点和隐藏的破裂处	T. 6	1

1. 2. 3 供水连续性的监督与控制（SQ2. 3）

类型：最佳实践
服务：饮用水
标准化：根据实践加权
术语：系统，突发事件
定义：包含表 1-6 的内容

SQ2. 3 供水连续性的监督与控制的良好实践列表 表 1-6

序号	实践	可靠性	权重
1	特定的人力和物力资源可全天候用来管理供水和输配水“系统”的“突发事件”	T. 5	3
2	GIS 工具可用于支持隔离、维修及解决供水和输配水“系统”的“突发事件”	T. 3	3
3	预警机制提供全天候服务（涉及供水和输配水“系统”的远程控制和接收的警告）	T. 3	3

1. 2. 4 供水连续性（SQ2. 4）

此评估元素评估的是服务连续性，基于在每个供给“物产”的输配水“系统”连接点处的“水力条件”是足以用于使用和消费的情况下的小时数。

定义：评级日期前一整年内，“使用和消费的水力条件”尚未满足每一处“物产”的小时数。

类型：指标
服务：饮用水
术语：系统，利于使用和消费的水力条件，物产
公式：[CS2－V1]/[CS2－V2] 单位：h
标准化函数如图 1-4 所示。

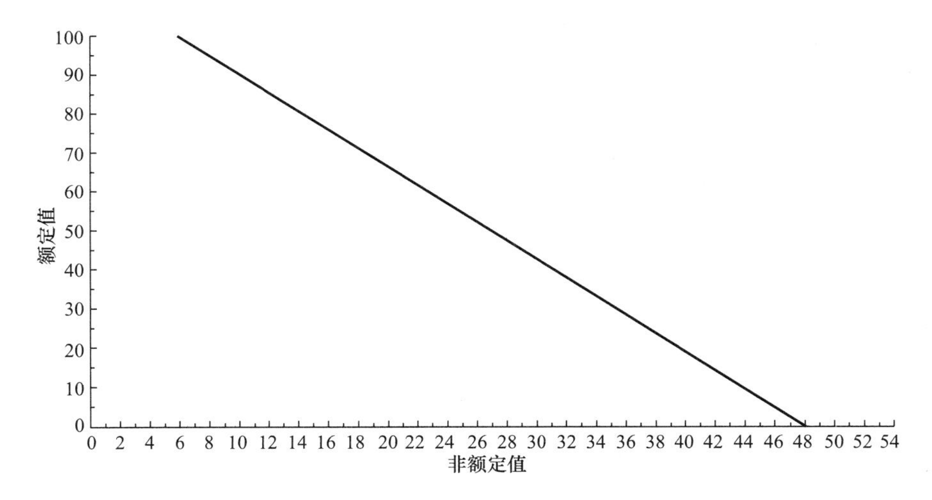

图 1-4 用于 SQ2.4 的标准化函数

变量：

[CS2－V1] 供应中断的总时数。

定义：在上一个完整的日历年内，每一处物产中断供应或者没有必需的“供应和消费的水力条件”的总时数。在连续供水通常不可实现的“系统”中，中断时数将适用于缺乏该服务地区的所有物产。

单位：h

可靠性：表 12

[CS2－V2] 提供的“物产”数。

定义：在上一个完整的日历年年底提供的“物产”数量。

单位：个

可靠性：表 13

1.2.5 将新用户连接到饮用水服务所用的时间（SQ2.5）

评估将新用户连接到供水“系统”的平均时间。申请时间不考虑，因为原则上假设这些将是短暂的并且会在用户服务部分进行评估。同样，由于执行工作需要许可证问题或由于公司不完全负责的其他进程造成的延误，不考虑在内。

定义：完成申请服务到完成新用户物产接入网络所需的平均时间。

类型：指标

服务：饮用水

术语：系统，已完成的工作

公式：[CS2－V3] 单位：d/连接点

标准化函数如图 1-5 所示。

变量：

[CS2－V3] 完成申请服务到“完成”新用户物产接入并通知用户所需的平均时间。

定义：完成申请服务到“完成”新用户物产接入并通知用户所需的平均时间（在上一个完整的日历年内完成的所有接入数）。

单位：d

可靠性：表 14

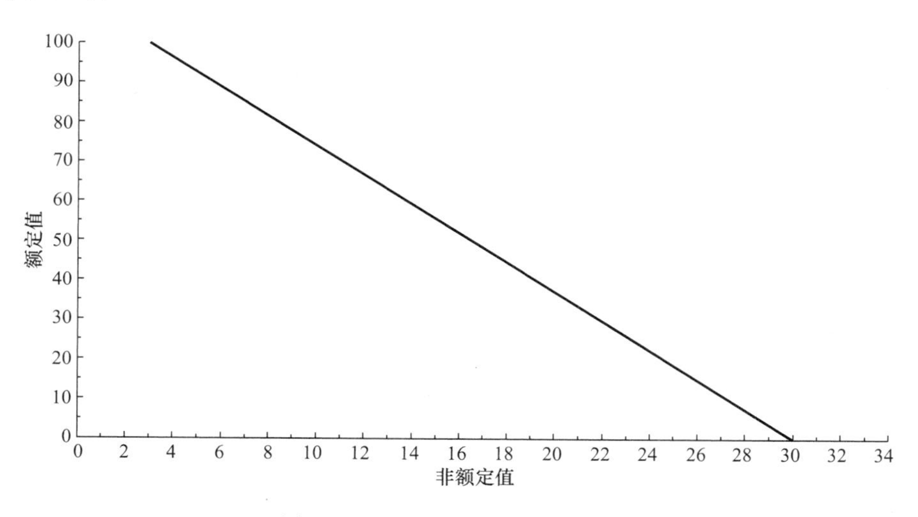

图 1-5 用于 SQ2.5 的标准化函数

1.3 污水收集（SQ3）

在这里认为一般的污水收集“系统”指从连接私有“系统”的点到输送到污水处理厂或返回到环境中。该服务考虑的是来自所有活动的污水收集后排入“系统”中。

虽然 AquaRating 不适用于专门进行雨水排水服务，但是考虑到雨水排水运行不可避免地与污水收集相结合的情况，其中实施者可以实现综合或雨污结合的职能，也可以提供直接或间接、联合或单独部分的服务。另外还包括一个评估要素即实际接入该污水处理系统所花费的时间，这类似于实际连接到供水管网系统所花费的时间。

就服务质量而言，很难确定哪些事件对污水处理“系统”的用户有影响。事实上，除了居民个人污水排放系统被堵塞事件外，最常见的情况是在公共道路上能明显看到的局部和区域污水管网堵塞。这些会产生影响，但不会产生明显的和立即中断服务的影响。

评估仅限于“系统”的状态或运行引起的事件，不包括由第三方造成的事故，如井盖被盗或类似事件。虽然在很多情况下这些事件反映出严重的维护问题，但不产生影响收集和运输污水、雨水的运行问题。

实践：

（1）SQ3.1 污水收集的结构能力保证；

（2）SQ3.2 污水收集运行的保证；

（3）SQ3.3 污水收集服务的监督与控制。

指标：

（1）SQ3.4 在污水收集管网中解决“事故”的时间；

（2）SQ3.5 接入污水处理服务所需时间；

（3）SQ3.6 暴风雨天气“事故”。

1.3.1 污水收集的结构能力保证（SQ3.1）

类型：最佳实践

服务：公共卫生

标准化：根据实践加权

术语：

定义：包含表 1-7 的内容

SQ3.1 污水收集的结构能力保证的良好实践列表 **表 1-7**

序号	实践	可靠性	权重
1	具有已生效的最新污水收集管网规划，或已生效的污水收集管网具体计划	T.6	1
2	完成了污水规划或具体污水收集管网计划的目标和时间表	T.6	1
3	有污水收集管网中使用的建筑组件标准，并在企业连入管网时执行这样的标准	T.6	1
4	有用于污水收集管网中其他服务的标准，如光纤标准	T.6	1

1.3.2 污水收集运行的保证（SQ3.2）

类型：最佳实践

服务：公共卫生

标准化：根据实践加权

术语：系统，预防性维护，预防性维护程序

定义：包含表 1-8 的内容

SQ3.2 污水收集运行的保证的良好实践列表 **表 1-8**

序号	实践	可靠性	权重
1	具有污水收集“系统”中进行“预防性维护”的“协议”和记录（检查频率作为参数比如管龄等的函数）	T.6	1
2	管理污水收集“系统”的“预防性维护”的计算机化系统存在并在使用	T.3	1
3	有专用设备，可用于检查污水收集管网中难以检查到的区域	T.1	1
4	具备收集器清洗协议和记录，并且是按预定的规律或根据坡度、管龄等参数进行清洗的	T.6	2
5	可提供 24h 全天候管理污水收集管网中异常情况的服务	T.5	3
6	有处理和解决污水收集管网中异常情况的协议	T.6	3
7	有污水收集“系统”中异常情况及其解决过程的记录（至少记录在纸上）	T.5	1
8	具备用于记录和管理污水收集“系统”中异常情况的计算机化系统	T.3	2
9	备有覆盖整个污水收集管网及其组件的 GIS 系统，并按照协议进行系统的更新	T.3	3
10	GIS 系统中备有记录和管理异常情况的系统，此系统也能显示连接到污水管网的用户	T.3	2

1.3.3 污水收集服务的监督与控制（SQ3.3）

类型：最佳实践

服务：公共卫生

标准化：根据实践加权

术语：实时

定义：包含表 1-9 的内容

SQ3.3 污水收集服务的监督与控制的良好实践列表　　表 1-9

序号	实践	可靠性	权重
1	在污水收集管网和集水干管中配有测定流量和流速的设备（每 20000 名居民中至少有一台设备）	T.1	1
2	有可用的管理污水收集管网的“实时”遥测系统	T.3	1
3	保存有对污水收集管网进行测量的记录和报警记录	T.6	2
4	在污水收集管网或集水干管中配有流量调节装置（如遥控闸门）	T.1	1
5	配有用于支持在排水或污水收集管网中进行常规和特殊操作决策的系统	T.3	1

1.3.4 在污水收集管网中解决“事故”的时间（SQ3.4）

解决排水管网中任何装置和组成（连接点、污水管和集流设备）中事故所用的平均时间，即从报告事故起到彻底解决为止。

假设任何“事故”都可能影响个人污水收集服务的可用性，并且所有的事故都代表待评级“系统”正常运行的中断。

只考虑偶然的事故，或者没有被归为第三方的事故。

定义：在评级日期前的整个日历年内，解决污水收集管网发生的偶然“事故”所用的平均时间。

类型：指标

服务：公共卫生

术语：系统，小事故

公式：[CS3－V1]　单位：h

标准化函数如图 1-6 所示。

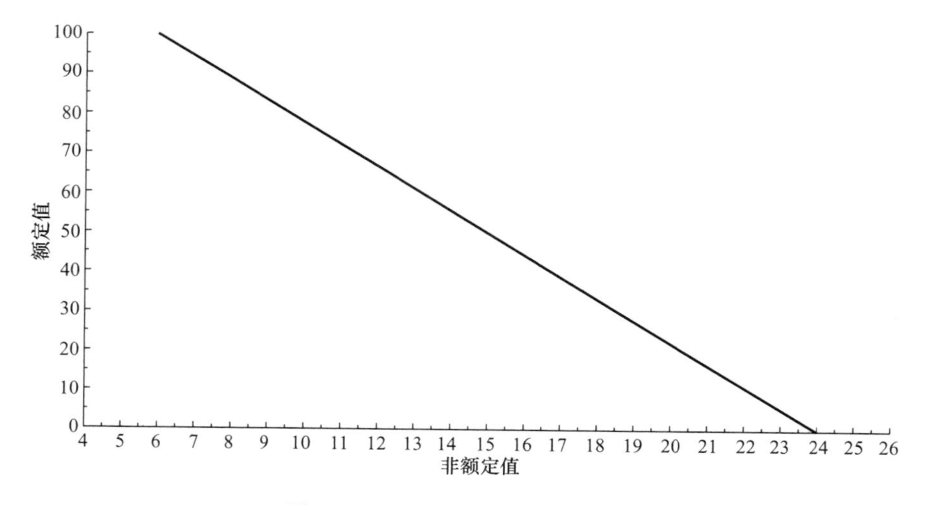

图 1-6　用于 SQ3.4 的标准化函数

变量：

[CS3－V1] 解决污水收集管网中“事故”所用的平均时间。

定义：解决污水收集管网中偶然发生的并发生在上一个完整的日历年内的“事故”所用的平均时间。

单位：h

可靠性：表 15

1.3.5 接入污水处理服务所需时间（SQ3.5）

对用户接入污水收集管网，通过完成连接的时间进行评估，不考虑因签发施工许可证造成的延误，也不应考虑其他因非公用事业单位责任造成的延误。

定义：新用户物产接入污水管网，从完成服务申请到“完成”该接入服务所用的平均时间。计算评级前整个日历年中的数值。

类型：指标

服务：公共卫生

术语：已完成的工作

公式：[CS3－V2] 单位：d

标准化函数如图 1-7 所示。

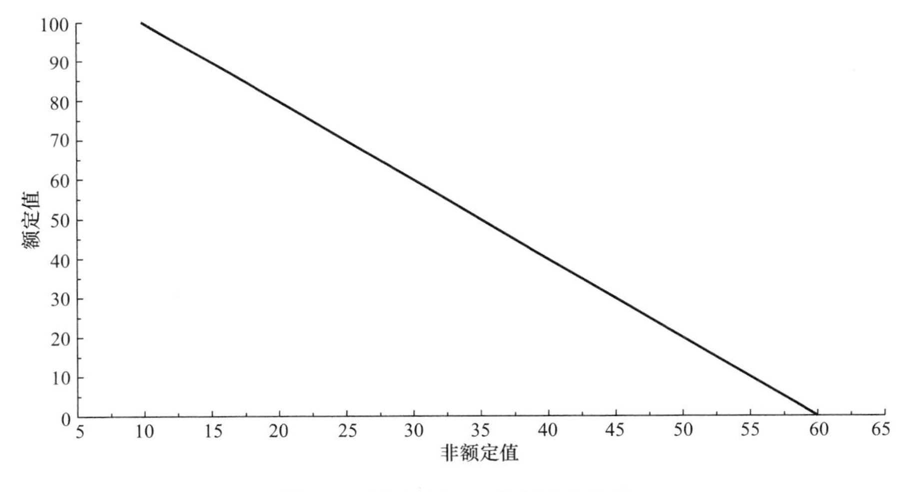

图 1-7 用于 SQ3.5 的标准化函数

变量：

[CS3－V2] 新用户物产接入污水管网，从完成服务申请到“完成”该接入服务所用的平均时间。

定义：新用户物产接入污水管网，从完成服务申请到“完成”该接入服务并通知用户所用的平均时间（在上一个完整的日历年内进行的）。需要获得施工许可证和非公共事业单位完全负责的许可的时间将从总时间中扣除。

单位：d

可靠性：表 16

1.3.6 暴风雨天气“事故”(SQ3.6)

该指标评估公司负责的污水收集系统中雨水排放功能的运行，不论该功能是作为该服务中一个综合或合成、直接或间接、联合或单独实施的部分。

定义：在“待评估的地理区域”内由城市污水收集和排水系统产生的已大大或明显地扰乱了用户、市民、交通或公共道路正常运行的“故障”数量，按每10000名居民多少故障计。虽然只需考虑在经过合理设计和适当维修后本不该发生的故障，但是考虑到难于鉴别每种情况下的原因，故所有已记录的故障都需考虑，除了那些与官方记录的降雨强度一致且高于设计标准的情况。

类型：指标

服务：公共卫生

术语：小事故，故障，待评估的地理区域

公式：([CS3－V3]/[CS3－V4])×10000　单位：每10000人的数量

标准化函数如图1-8所示。

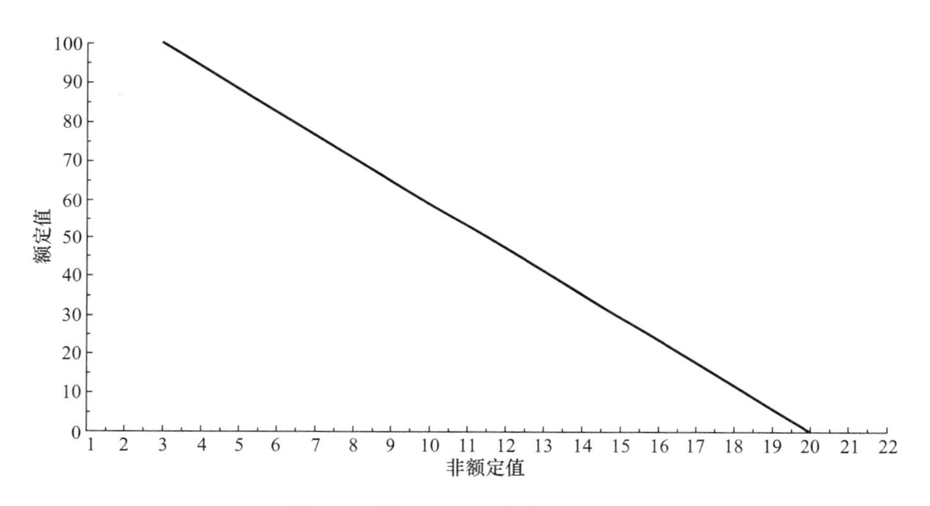

图1-8　用于SQ3.6的标准化函数

变量：

[CS3－V3] 城市污水收集和排水系统产生的已大大或明显地扰乱了用户、市民、交通或公共道路正常运行的“故障”数量(在上一个完整的日历年里)。

定义：城市污水收集和排水系统产生的已大大或明显地扰乱了用户、市民、交通或公共道路正常运行的“故障”数量(在上一个完整的日历年里)。所有已记录的故障都需考虑，除了那些与官方记录的降雨强度一致且高于设计标准的情况。

单位：—

可靠性：表122

[CS3－V4]“待评估的地理区域”内污水收集服务的总居民数。

定义：截至评级日期前的日历年年底，“待评估的地理区域”内污水收集服务的总居民数。

单位：人
可靠性：表 101

1.4 用户服务（SQ4）

本节评估对用户的服务质量，即服务提供者与作为“客户”接受服务的用户之间的相互作用。评估服务形式；处理投诉、请求、付款及其他程序；企业对服务的承诺以及对处理服务中断和其他意外事件信息披露的承诺。所有这些都会对用户满意度这一主要目标产生影响，这也包含在评估中。本节以良好实践和定量指标来评估上述特点。

实践：

（1）SQ4.1“投诉”管理和用户满意度监测；

（2）SQ4.2 用户服务质量；

（3）SQ4.3 对用户服务和“突发事件”信息的承诺。

指标：

（1）SQ4.4 普通用户满意度；

（2）SQ4.5 问题解决质量的用户体验；

（3）SQ4.6 一年中每 100 名用户对“客服投诉”的数量；

（4）SQ4.7 客户呼叫服务等待时间；

（5）SQ4.8 客户服务中心等待时间；

（6）SQ4.9 解决问题时间。

1.4.1 “投诉”管理和用户满意度监测（SQ4.1）

类型：最佳实践
服务：饮用水和/或公共卫生
标准化：根据实践加权
术语：投诉，专业技术
定义：包含表 1-10 的内容

SQ4.1“投诉”管理和用户满意度监测的良好实践列表　　表 1-10

序号	实践	可靠性	权重
1	拥有一个综合的投诉管理系统，除了记录“投诉”事件外（以任何手段），也追踪投诉结果	T.3	1
2	所有的“投诉”解决后通知用户并验证其是否满意	T.6	1
3	至少每季度分析一次记录的“投诉”及其结果，用这样的分析结果来促进提升服务和用户管理	T.6	3
4	每年在公司服务人口中进行一次用户满意度调查，调查符合以下特点： （1）调查的用户群具有统计上的代表性； （2）调查的方法是稳定和可重复的； （3）调查由具有合适“专业技术”的团体/组织进行； （4）调查由第三方机构进行	T.2	2
5	持续监测用户对“投诉”处理结果的满意度（所有用户投诉中有代表性的样本）	T.6	1

1.4.2 用户服务质量（SQ4.2）

类型：最佳实践
服务：饮用水和/或公共卫生
标准化：根据实践加权
术语：投诉
定义：包含表1-11的内容

SQ4.2 用户服务质量的良好实践列表　　表1-11

序号	实践	可靠性	权重
1	配备呼叫中心接受客户和技术“投诉”、处理投诉及与合同有关的问题。此呼叫中心在工作日和工作时间内工作	T.5	1
2	呼叫中心全天候运行	T.5	1
3	呼叫中心有足够数量训练有素的工作人员并配备电脑	T.5	1
4	呼叫中心的呼叫收费不得超过本地区电话收费	T.5	1
5	客户服务中心有足够数量训练有素的工作人员并配备电脑	T.5	1
6	该网站是可运行的，且至少有以下4个程序可以在线操作： （1）核对账户/账单； （2）在线缴费； （3）提交“投诉”； （4）建立新合同； （5）请求服务可行性检查； （6）请求服务停止/终止	T.5	1
7	公司至少开通以下缴费渠道中的3种： （1）互联网（机构网站和其他）； （2）通过银行账户或信用卡自动缴费； （3）电话； （4）缴费中心（在公司办公室或规定的其他地点）	T.5	1

1.4.3 对用户服务和“突发事件”信息的承诺（SQ4.3）

类型：最佳实践
服务：饮用水和/或公共卫生
标准化：根据实践加权
术语：突发事件，投诉
定义：包含表1-12的内容

SQ4.3 对用户服务和“突发事件”信息的承诺的良好实践列表　　表1-12

序号	实践	可靠性	权重
1	配备一位客户/用户监察员	T.2	2
2	存在正式公开的承诺章程（如在网站发布、发送给用户等），并承诺，在适用的情况下，在监管机构设定的时间内回应“投诉”	T.2	2
3	章程规定公司凡有不遵守既定的条款的情况时要赔偿用户	T.2	1

续表

序号	实践	可靠性	权重
4	对于用户服务中断和有计划地断水，应至少提前 48h 通知用户，确保用户在家或居民楼或者通过其他通信手段收到通知。对于大范围通知，公司可使用广播和电视广播。配有用于与用户通信的完整数据库，并且有保证及时更新数据的程序	T.2	1
5	告知用户不可预见“突发事件”的进展和预期结果（如通过自动呼叫或者短信发送到用户手机、公司用户服务热线自动响应、网站等）	T.2	1
6	识别关键用户（医院、学校、大用户等）并设立特殊程序以提供及时信息：断水、不可预见“突发事件”对服务的影响及进展、预期的解决方案	T.2	2

1.4.4 普通用户满意度（SQ4.4）

定义：普通用户中对服务满意的用户的百分比。

类型：指标

服务：饮用水和/或公共卫生

术语：满意用户

公式：（[CS4－V1]/[CS4－V2]）×100　单位：%

标准化函数如图 1-9 所示。

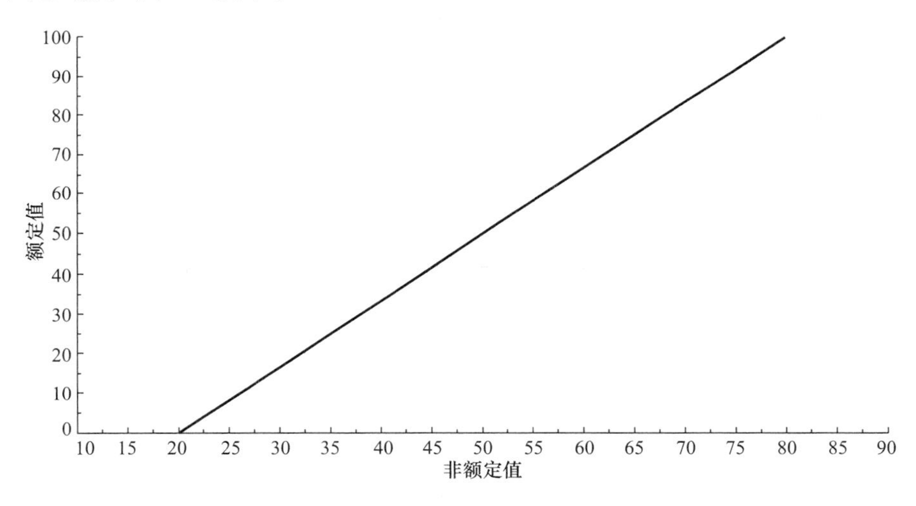

图 1-9　用于 SQ4.4 的标准化函数

变量：

[CS4－V1] 受访的普通用户中对服务“满意”的用户数。

定义：受访的普通用户中对服务“满意”的用户数（以评级日期前上一个完整的日历年作为参考）。

单位：—

可靠性：表 18

[CS4－V2] 接受采访的用户总数。

定义：接受采访的用户总数（以评级日期前上一个完整的日历年作为参考）。

单位：—

可靠性：表 56

1.4.5 问题解决质量的用户体验（SQ4.5）

定义：遇到过问题并对解决问题的质量“满意”的用户的百分比。

类型：指标

服务：饮用水和/或公共卫生

术语：满意用户

公式：([CS4－V3]/[CS4－V4])×100　单位：%

标准化函数如图 1-10 所示。

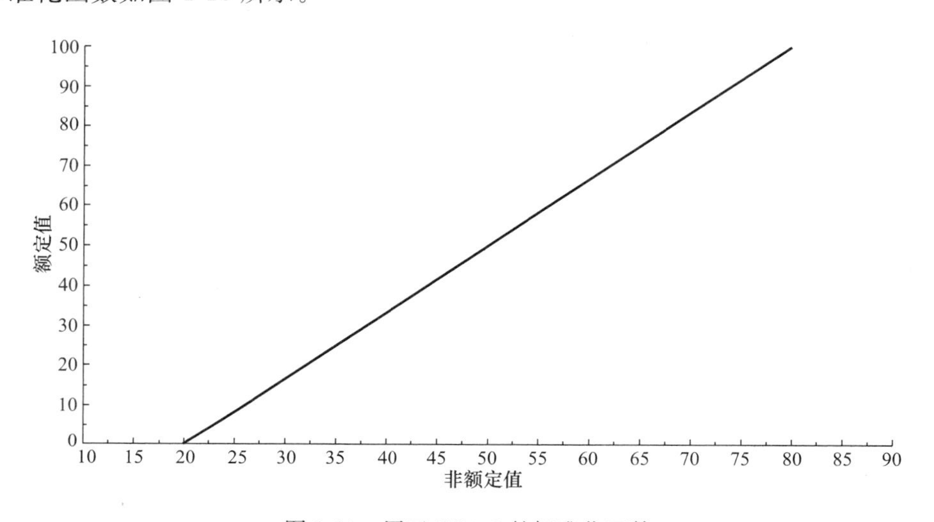

图 1-10　用于 SQ4.5 的标准化函数

变量：

[CS4－V3] 受访的用户中遇到过问题并对解决问题的质量“满意”的用户数。

定义：受访的用户中遇到过问题并对解决问题的质量“满意”的用户数（以评级日期前上一个完整的日历年作为参考）。

单位：—

可靠性：表 19

[CS4－V4] 受访的用户中遇到过问题的用户总数。

定义：在评级日期前的上一个完整的日历年中，受访的用户中遇到过问题的用户总数。

单位：—

可靠性：表 56

1.4.6 一年中每 100 名用户“对客服投诉”的数量（SQ4.6）

定义：在评级日期前的每个日历年内“对客服投诉”的数量/“注册用户”数量再乘以 100。

类型：指标

服务：饮用水和/或公共卫生

术语：注册用户，对客服投诉

公式：（［CS4－V5］/［CS4－V9］）×100　单位：%

标准化函数如图 1-11 所示。

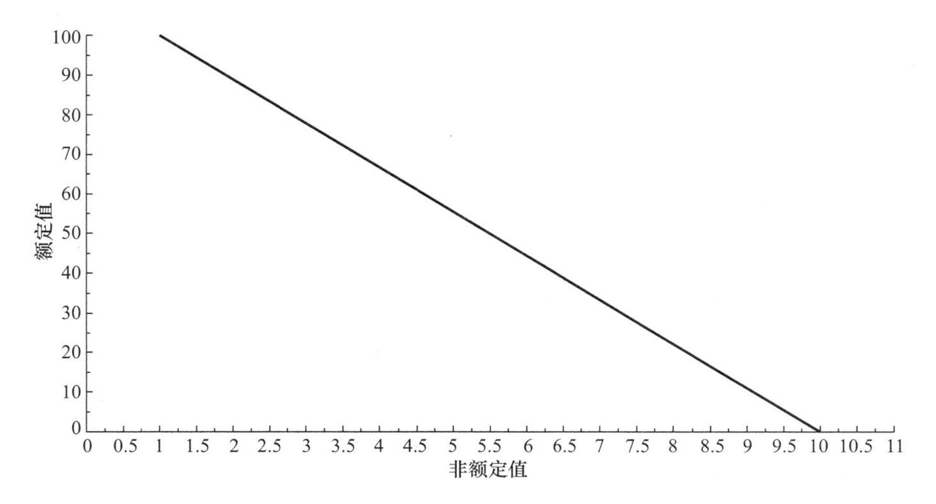

图 1-11　用于 SQ4.6 的标准化函数

变量：

［CS4－V5］“对客服投诉”的数量。

定义：在评级日期前的日历年内，在与供水恰当运行（在适当的水量或水质和废水收集和处理方面）无关的其他方面“对客服投诉”的数量。在有疑问的情况下，投诉被视为对客服投诉，并加入此变量中。

单位：—

可靠性：表 20

［CS4－V9］“注册用户”总数。

定义：在评级日期前的日历年底，“注册用户”总数。

单位：—

可靠性：表 21

1.4.7　客户呼叫服务等待时间（SQ4.7）

定义：用户在呼叫中心时的平均等待时间（评级日期前上一个完整的日历年内的数据）。

类型：指标

服务：饮用水和/或公共卫生

术语：

公式：［CS4－V6］　单位：min

标准化函数如图 1-12 所示。

变量：

［CS4－V6］用户在呼叫中心时的平均等待时间。

定义：用户在呼叫中心时的平均等待时间（评级日期前上一个完整的日历年内的数据）。

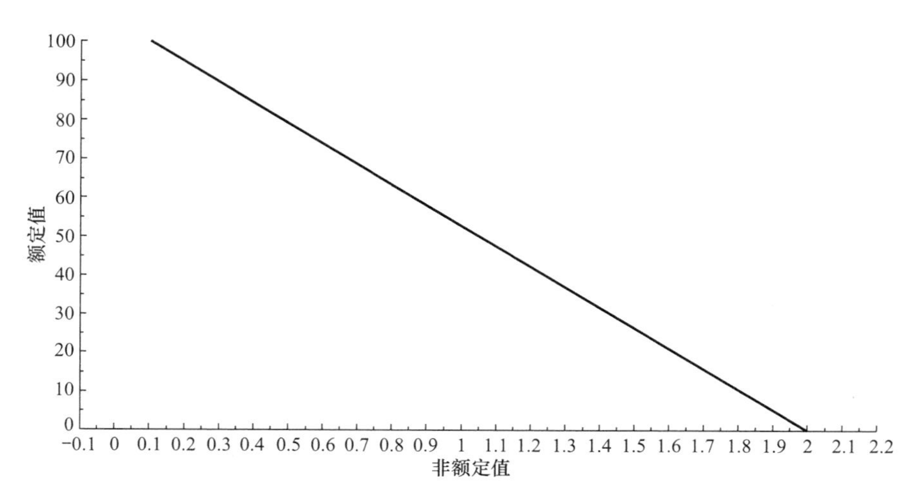

图 1-12　用于 SQ4.7 的标准化函数

单位：min

可靠性：表 22

1.4.8　客户服务中心等待时间（SQ4.8）

定义：用户访问客户服务中心时的平均等待时间（除缴费之外的任何原因）。

类型：指标

服务：饮用水和/或公共卫生

术语：

公式：[CS4－V7]　单位：min

标准化函数如图 1-13 所示。

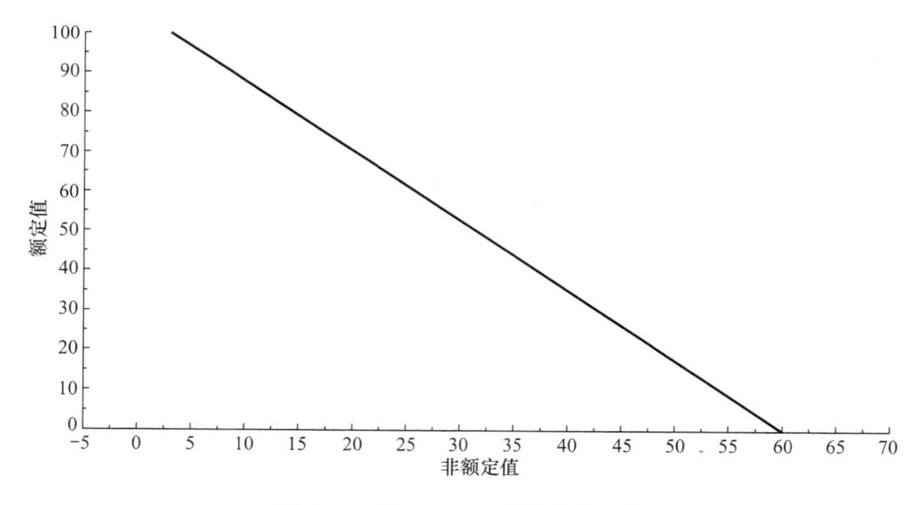

图 1-13　用于 SQ4.8 的标准化函数

变量：

[CS4－V7] 用户访问客户服务中心时的平均等待时间。

定义：用户访问客户服务中心时的平均等待时间。除缴费之外的任何原因都被考虑在内（评级日期前上一个完整的日历年内的数据）。

单位：min

可靠性：表 23

1.4.9 解决问题时间（SQ4.9）

定义：用户提交“对客服投诉”到问题得到解决所用的平均时间。

类型：指标

服务：饮用水和/或公共卫生

术语：对客服投诉

公式：[CS4－V8]　单位：工作日

标准化函数如图 1-14 所示。

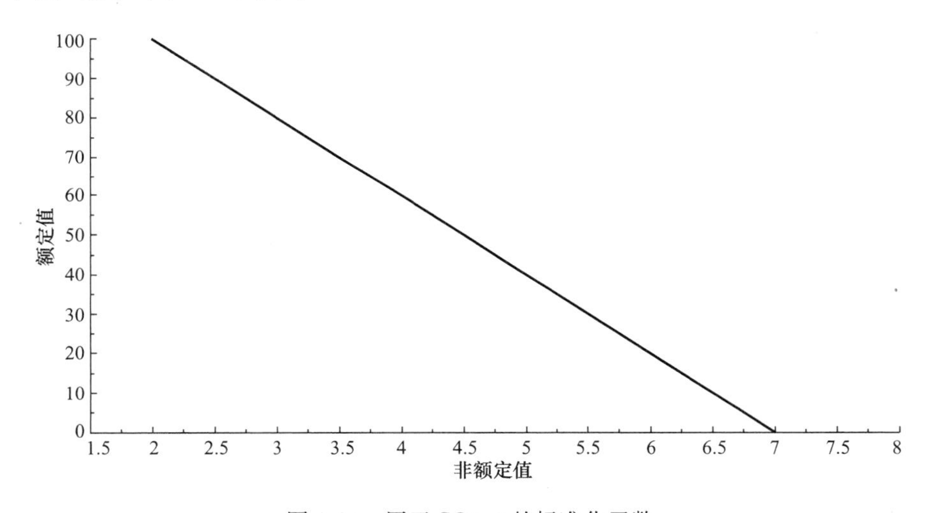

图 1-14　用于 SQ4.9 的标准化函数

变量：

[CS4－V8] 用户提交“对客服投诉”到问题得到解决所用的平均时间。

定义：用户提交“对客服投诉”到问题得到解决所用的平均时间（评级日期前上一个完整的日历年内的数据）。

单位：工作日

可靠性：表 24

2　投资计划与实施效率（PE）

水务公司的主要职责之一是为其服务覆盖的地理区域提供水与污水服务。为履行这一职责，公司必须制定投资计划投入大量资金用于维持或扩充“系统”容量，扩大或改善饮用水供给分配系统及污水的收集与处理。PE 项目下的各项标准用于考核投资计划在各个“系统”的适用性并评估其执行效率。只有制定与采用合理的投资计划，水务公司才能够满足短、中、长期需求，在达到服务质量要求的同时达成权威机构设立的目标。

在某些国家，投资计划不仅是建立价格标准的基础，也是用于监督水务公司履行其义务的工具，因此拥有生效的合理投资计划是管理机构对水务公司提出的硬性要求。

投资计划在任何情况下都应是引导水务公司未来行动的标杆，而不是有碍于决策制定的路障。因此计划的制定与执行必须经历不断的校正，并且具备用以应对随时间推移而可能出现的非预见性需求的灵活性。尽管如此，拥有一个生效的合理投资计划对做出良好的经营决策来说至关重要，对需要将大量资金投入基础设施长期建设的水务公司来说尤其如此。

PE 下有 5 项基本标准，即投资计划须包含以下内容：最低限度的书面投资计划；投资计划采用的方法的合理性；投资计划随时间推移而采用的执行方法；实物资产管理；针对自然灾害或其他突发事件的应急方案；新工艺/设备或改进现有工艺/设备的研究与开发。

评估包含如下子类：

（1）PE1 投资计划的内容与效率；

（2）PE2 投资计划的执行效率；

（3）PE3 现有实物资产的管理效率；

（4）PE4 应急计划；

（5）PE5 研发。

2.1　投资计划的内容与效率（PE1）

水与污水服务面临的主要挑战是满足用户对服务的质与量的需求，这反而突出了计划主要投资的必要性。因此，必须基于水务公司制定、采用的投资计划对公司进行考核，这就要求公司及时制定出投资计划，上级相关部门及时批准投资计划且投资计划本身具备全程可监控性。此外，投资计划必须结合所有适用的科技、资金、环境与社会方法论，在保证最低成本的条件下提出最佳“系统”扩张方案。PE1 领域主要通过评估各规划阶段所采用方法的适用性，来评估方案本身的内容和质量（包括备选方案的诊断与识别、最终方案的选择、财务分析等）以及工程计划与评估模型。

实践：

（1）PE1.1 投资计划的内容；

（2）PE1.2 诊断方法；

（3）PE1.3 分析与判断候选方案及确定最终方案的方法；

（4）PE1.4 分析计划中的财务问题的方法。

2.1.1 投资计划的内容（PE1.1）

类型：最佳实践

服务：饮用水和/或公共卫生

标准化：根据实践加权

术语：系统，董事会，服务阶段，工作（与投资计划项目相关）

定义：投资计划需写进文件，且计划的正文、附录与补充性文件这三个部分的任意一个部分中包含表 2-1 的内容。

PE1.1 投资计划的内容的良好实践列表　　表 2-1

序号	实践	可靠性	权重
1	投资计划定义出了大体的与明确的目标	T.25	1
2	投资计划确立了目标以及对应在水务公司单项服务与“系统”评级中的质量	T.25	1
3	投资计划确立了计划中详述的“工作”的预算，涵盖资金计划来源	T.25	1
4	投资计划包含各项程序（项目群）或将开发的具体项目的详细定义	T.25	1
5	该计划包含一份实行计划表	T.25	1
6	该计划阐明了现存的和计划的“系统”的总体布局，并按照“服务阶段”的顺序通过数据或合适比例尺的地图展现出来	T.26	1
7	该计划包含投资计划制定过程中采用的标准的全面描述	T.25	1
8	该计划包含一份以“系统”为单位编排的项目列表，特别注明项目名称、预期支出、工作起始年、观测结果或注释	T.25	1
9	该计划包含一份投资计划汇总表，用于说明各个“服务阶段”、工程年份与年度投资	T.25	1
10	该计划作为一个整体，需由“董事会”或者官方主管机构批准（个别工作的更新可另行批准）	T.27	3

2.1.2 诊断方法（PE1.2）

类型：最佳实践

服务：饮用水和/或公共卫生

标准化：根据实践加权

术语：系统，供需平衡，待评估的地理区域

定义：计划书中需说明计划构想的方法，附录或补充性文件中需阐明“待评估的地理区域”中每个“系统”所采用的计划的制定。涵盖表 2-2 的内容。

PE1.2 诊断方法的良好实践列表　　表 2-2

序号	实践	可靠性	权重
1	具有最新的（最近更新日期在计划批准日期前的一年内）“待评估的地理区域”的数据地图。地图需采用足够的比例尺（最小 1∶10000）并标注出 UTM 坐标、城市边界、主要道路、等高线、地面标高及其他显著的地域特点。这些地图包括影响饮用水和污水“系统”的相关基础设施工程的位置	T.56	1

续表

序号	实践	可靠性	权重
2	具有人口规模、用户数量及短、中、长期（分别为5年、10年、15年）的需求等预测数据	T. 25	1
3	具有"待评估的地理区域"当前及预期的人口规模及用户数量。数据根据用户类型、当前及预期的服务区位置、涵盖房地产在内（如适用）的服务区的地域性增长预测来划分	T. 25	1
4	明确服务的范围与质量目标。此处设定的目标需等同于或高于权威机构（政府机构和/或监管机构）设定的目标。如将个体解决方案纳入关注范围，则需指明接受每个方案类型的服务的住户的数量	T. 25	1
5	具有确定预期需求变化范围的方案。除其他方面外，方案应将为低收入家庭接入污水处理系统的工程项目（如适用）考虑在内	T. 25	1
6	具有根据用户类型统计的耗水量（人均日耗水率）历史记录，还有依据收入水平变化、水资源利用技术、需求管理计划及其他因素编制的需水量预测	T. 25	1
7	具有日消耗与时消耗系数、年均容量与最大容量、渗透率以及其他由文件规定并在相关研究中由实践证实的数据	T. 25	1
8	具有依据IWA分类法或者类似方法详细记录的水平衡（区分明显损失与实际损失、授权消费与非授权消费）	T. 25	1
9	每个饮用水"系统"的信息汇总成表并包含每年度年初到评估日前的以下所有信息（年度数据可通过添加五年预测数据或其他数据来计算）：总人口，用户人口（受服务人口），饮用水用户数量，年消耗量，平均消耗流量（高峰日流量与高峰时流量），损耗量，平均生产流量（高峰日流量与高峰时流量）	T. 25	1
10	每个污水"系统"的信息汇总成表并包含每年度年初到评估日前的以下所有信息：总人口，用户人口（受服务人口），用户数量，人均日耗水率，回流量，渗透流量，平均流量，高峰时流量，预测负荷（$kgBOD_5/d$）	T. 25	1
11	计算"系统"的每个部分的"供需平衡"，从而确定亏损出现的年份并采取行动以消除或减少预计亏损	T. 25	3
12	分析现有基础设施的状况并决定是否需要更换设备或零件	T. 25	3

2.1.3 分析与判断候选方案及确定最终方案的方法（PE1.3）

类型：最佳实践

服务：饮用水和/或公共卫生

标准化：根据实践加权

术语：适用法规，系统，服务阶段，有效/生效（投资计划有效/生效）

定义：用于鉴定和确定解决方案且其中包含基本准则的文件（如对投资计划拥有强制效力的附录或补充性文件）。涵盖表2-3的内容。

PE1.3 分析与判断候选方案及确定最终方案的方法的良好实践列表　　表2-3

序号	实践	可靠性	权重
1	阐明"系统"为满足服务覆盖、质量目标所需要的解决方案。方案的制定必须建立在预可行性研究基础上（成本置信水平±15%）并在每个环节中考虑到供需关系、现有基础设施的状况、硬性规定及一些其他因素。解决方案在进行分析后写进文件并由主管单位批准	T. 25	1
2	在多重标准下进行候选方案评估，对可行方案进行透彻分析，评估可行方案的各项考核指标（布局，规模，水平分析，技术选择，环境或其他制约因素，服务交付与环境法规，项目最佳起始日期，由于筹备与实施时机不当而产生的限制因素等）	T. 25	1

续表

序号	实践	可靠性	权重
3	通过计算对候选方案进行评估，以最大限度地降低投资成本及增量运营与维护成本	T. 25	1
4	应用设备与服务安全、风险、漏洞准则对候选方案进行评估	T. 25	1
5	结合生命周期评估（LCA）对候选方案进评价。评价主要包括二氧化碳排放、环境的可持续发展及其他造成环境影响的因素	T. 25	1
6	利用地理参考数据库系统，通过使用即时更新、校准工具对水利或水文状况进行分析来进行候选方案评估	T. 25	1
7	在涉及饮用水供给的部分进行现有及未来的水资源分析，明确可用水流量、水质量与用水权	T. 25	1
8	在涉及饮用水供给的部分，需涵盖降低未授权水消费量的具体解决方法的提案	T. 25	2
9	在涉及公共卫生的部分，进行污水分析以决定处理水平及对受纳水体的影响	T. 25	1
10	在涉及公共卫生的部分，处理方案根据“适用的环保法令与制度”来分析	T. 25	2
11	在整个计划架构中，最佳候选方案需具有最低现值成本且服从所有与需求、环境及其他要求相关的限制。因此候选方案及相应最低总成本分析是重点	T. 25	2
12	指定项目的信息依“服务阶段”顺序通过详细的列表形式呈现	T. 25	1
13	与指定项目信息相对应的成本信息以详细的列表形式一同呈现	T. 25	1
14	指定项目的有关信息中包含项目启动的截止日期	T. 25	1

2.1.4 分析计划中的财务问题的方法（PE1.4）

类型：最佳实践

服务：饮用水和/或公共卫生

标准化：根据实践加权

术语：资本成本的合理贴现率

定义：计划书正文、附录或补充性文件中包含关于分析解决财务问题的方法，并包括表 2-4 的内容。

PE1.4 分析计划中的财务问题的方法的良好实践列表　　表 2-4

序号	实践	可靠性	权重
1	为每个项目或每套项目进行财务评估，计算净现值（NPV）。评估项目涵盖以下预期：年度投资横向分析，替代品投资，增量营运，设备维护成本以及提供服务所得收入（基于当前服务费水平而获得的收入；如适用，可使用预期数据）。此处引进“水务公司资本成本的合理贴现率”这一概念	T. 25	1
2	每年对计划进行一次整体的财务评估，计算出净现值并逐条列出水务公司中可能存在的融资限制	T. 25	1
3	针对单一项目或整套项目的盈利能力分析（无论结果是盈利还是亏损）贯穿于项目的选择与计划制定的过程中	T. 25	1
4	最终计划的状况是项目具有正净现值且计划整体具有正净现值；或者部分项目不盈利但是计划整体具有正净现值。该项评估由主管单位进行核准	T. 25	1

2.2 投资计划的执行效率（PE2）

计划、项目和工程的完成效率需要在评估体系中特别关注，因为它反映了投资资源的物质使用情况。供排水管理中计划、项目和工程的完成效率在子项 PE2 中体现。

PE2 使用 3 个最佳实践评估要素与 1 个指标对投资计划的执行效率进行考核。第一个要素用于鉴定与评定所跟踪项目的成本与执行期的成本。第二个要素用于分析与项目开始时（超始年为参考点）制定的投资计划是否吻合。很显然这不妨碍投资计划的更新，并应同时确保规划的质量符合初始确立的准则。第三个要素用于评估工程实施的最终成本与最初投标报价之间的偏差程度。这个指标用于衡量工程执行过程中的成本超支情况，也代表着最终的计划工程质量。第四个要素用于评估工程真正实施时间与投标时间之间的偏差程度；工程实行的延后对水务公司运作的各个方面将产生负面影响。

实践：

（1）PE2.1 投资计划项目实行的监控系统；

（2）PE2.3“已完成的工作”的成本偏差程度；

（3）PE2.4“工作”执行最终期限的偏差程度。

指标：

PE2.2 投资计划的遵从程度。

2.2.1 投资计划项目实行的监控系统（PE2.1）

类型：最佳实践

服务：饮用水和/或公共卫生

标准化：根据实践加权

术语：工作（与投资计划项目相关），项目综合监控系统

定义：这项要素用于评估首年度至年末评估日为止的整个日历年内核实、监控所有应实行工程的总成本与建设周期的实践。着重利用“项目综合监控系统”保证实现表 2-5 的内容。

PE2.1 投资计划项目实行的监控系统的良好实践列表 **表 2-5**

序号	实践	可靠性	权重
1	利用“项目综合监控系统”监控首年度规划的投资计划工程或其衍生出的各项“工作”	T.3	1
2	利用“项目综合监控系统”记录计划工程成本（建立在预可行性研究基础上）与工程或工作在实行设计（或最终设计）中的成本	T.3	1
3	利用“项目综合监控系统”记录工程（或工作）的投标报价与实行设计（或最终设计）的成本。造成两者之间产生超过±20%范围偏差的原因需记录在案	T.3	1
4	利用“项目综合监控系统”记录工程（或工作）相对于投标报价的最终成本。造成两者之间产生超过±20%范围偏差的原因需记录在案。最终成本应反映所有投标项目的变更记录	T.3	3
5	利用“项目综合监控系统”监控投资计划工程规划的首年的开工截止日期与实际开工日期。造成两者之间产生超过 6 个月的偏差的原因需记录在案	T.3	3
6	工程或工作的成本及开工截止日期的偏差信息至少每年上报一次高级管理层	T.2	3
7	工程项目周期及工程计划及准备过程由系统化的信息回馈相连结，并采取修正措施缩小相应指标中存在的偏差。因此要求对预期需求、单位成本等因素的差异情况进行分析	T.6	2

2.2.2 投资计划的遵从程度（PE2.2）

定义：代表从首年度至年末评估日为止的整个日历年内正在实施或已完工的投资计划

工程支出占预期计划支出的百分比。此处仅将投资计划中的工程纳入评估范围。

类型：指标

服务：饮用水和/或公共卫生

术语：

公式：（[EP2－V1]/[EP2－V2]）×100　单位：%

标准化函数如图 2-1 所示。

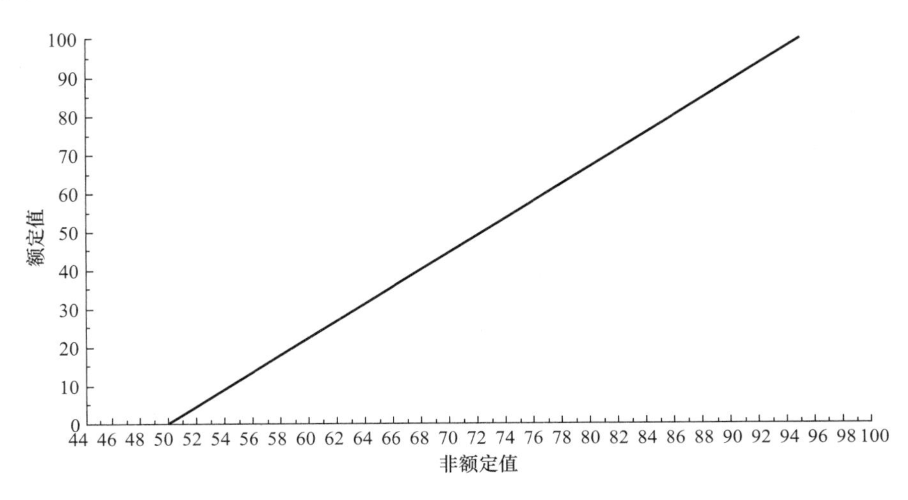

图 2-1　用于 PE2.2 的标准化函数

变量：

[EP2－V1] 正在实施或已完工的投资计划工程的成本。

定义：首年度至年末评估日为止的整个日历年内正在实施或已完工的投资计划工程的成本。

单位：当地货币

可靠性：表 29

[EP2－V2] 投资计划的预期成本。

定义：首年度至年末评估日为止的整个日历年内投资计划的预期成本。

单位：当地货币

可靠性：表 30

2.2.3 "已完成的工作"的成本偏差程度（PE2.3）

该项指标用于评估完工成本相对于投标报价的偏差程度，在现有情况下做成本比较（根据一般通货膨胀做出调整）。

投资计划工程通常被整合为工作并面向公众招标。出于招标需求，若干工程可能会被并入一个工作合同。这就是在投资计划中该项指标参照工作成本而非工程成本的原因。

类型：最佳实践

服务：饮用水和/或公共卫生

标准化：根据实践加权

术语：已完成的工作

定义：年度评估日前，实际支出明显差异于合同预算支出的“已完成的工作”数量占所有“已完成的工作”数量的百分比（在年度评估日前没有已完成的工作的情况下，采用有已完成的工作的上一个年度的数据）。每个应实行的实践（成本差异率）需特别指明。

计算方法需要对一份评估时期已完成的工作列表进行分析，列表显示每份工作在预算时间内的支出与最终支出，扣除因通货膨胀因素做出的调整。在此基础上，工作根据最终成本与投标报价之间的差异率来划分。包括表 2-6 的内容。

PE2.3“已完成的工作”的成本偏差程度的良好实践列表 **表 2-6**

序号	实践	可靠性	权重
1	最终成本与投标报价的差异率超出±30%范围的工作数量占比低于 50%	T.31	2
2	最终成本与投标报价的差异率不超出±25%范围的工作数量占比为 60%～70%	T.31	2
3	最终成本与投标报价的差异率不超出±20%范围的工作数量占比为 80%～90%	T.31	3
4	最终成本与投标报价的差异率不超出±10%范围的工作数量占比高于 90%	T.31	3

2.2.4 “工作”执行最终期限的偏差程度（PE2.4）

类型：最佳实践

服务：饮用水和/或公共卫生

标准化：根据实践加权

术语：工作（与投资计划工程相关），已完成的工作

定义：年度评估日前，实行日期明显差异于标书所设最终期限的“已完成的工作”数量占所有“已完成的工作”数量的百分比。此项指标用于衡量工程实行时间相对于标书指定的实施时间的差异率（在评估年份无已完成的工作的情况下，采用有已完成的工作的上一个年度的数据）。遵从本项指标的实践（差异率）需指明。

计算方法需要对一份评估时期已完成的工作列表进行分析，列表应明确指出每项工作的实际实行时间与标书指定的截止日期。在此基础上，工作根据实际施工时间与标书指定的施工时间之间的差异率来划分。包括表 2-7 的内容。

PE2.4“工作”执行最终期限的偏差程度的良好实践列表 **表 2-7**

序号	实践	可靠性	权重
1	实际施工时间与标书指定的施工时间差异超过 24 个月的工作占比低于 50%	T.32	2
2	实际施工时间与标书指定的施工时间差异不多于 18 个月的工作占比为 60%～70%	T.32	2
3	实际施工时间与标书指定的施工时间差异不多于 12 个月的工作占比为 80%～90%	T.32	3
4	实际施工时间与标书指定的施工时间差异不多于 6 个月的工作占比高于 90%	T.32	3

2.3 现有实物资产的管理效率（PE3）

大量高价值的公共设施库存促使水务公司采用恰当的管理方法以保持与提高库存公共设施的价值，因此有必要对固定实物资产管理效率进行评估。评估的第一个要素是对经营者

为管理固定实物资产所进行的实践进行评估及对管理措施的适宜性与可持续性进行评估（最理想的资产管理自然关注到预防性设备维护的规划与实施。管理措施评估参见 OE 运行效率部分）。第二个要素（指标）评估经营者置换现有资产以保持其价值而产生的年度支出。

实践：

PE3.1 实物资产管理。

指标：

PE3.2 置换或修理固定实物资产的年度投资。

2.3.1 实物资产管理（PE3.1）

类型：最佳实践

服务：饮用水和/或公共卫生

标准化：根据实践加权

术语：

定义：包含表 2-8 的内容

PE3.1 实物资产管理的良好实践列表 **表 2-8**

序号	实践	可靠性	权重
1	记录现有基础设施及其状况：调查固定资产的运行能力与状况（良好、一般或欠佳）	T.33	3
2	基于失效风险分析、成本等规划固定实物资产的维护与置换	T.2	5
3	固定实物资产的运行与维护详细记录在最新工作手册中	T.6	1
4	对从事固定实物资产管理的员工进行相关的培训	T.4	1
5	水务公司的战略计划明确体现出固定实物资产管理（见 ME1），并设有一个部门负责此事	T.34	1

2.3.2 置换或修理固定实物资产的年度投资（PE3.2）

定义：置换固定实物资产的年度投资占从年初开始计算（过去 3 个完整日历年的平均值）的固定实物资产总值的百分比。

类型：指标

服务：饮用水和/或公共卫生

术语：待评估的地理区域

公式：（[EP3－V1]/[EP3－V2]）×100　单位：%

标准化函数如图 2-2 所示。

变量：

[EP3－V1] 用于置换固定实物资产的年度资金投入。

定义：置换为“待评估的地理区域”提供服务的设备、器材、基础设施或其零部件而产生的支出。

单位：财务报表使用的货币

可靠性：表 35

[EP3－V2] 从年初开始计算的所有固定实物资产总值。

定义：为“待评估的地理区域”（不包括土地）提供服务的设备、器材、基础设施的总值。在水务公司也对某些非其所有的基础设施的置换与保养负责的情况下，也将相关费用计算在内。实际总值需与从年初开始录入系统的总值相匹配。如有价值调整，也应包括在内。

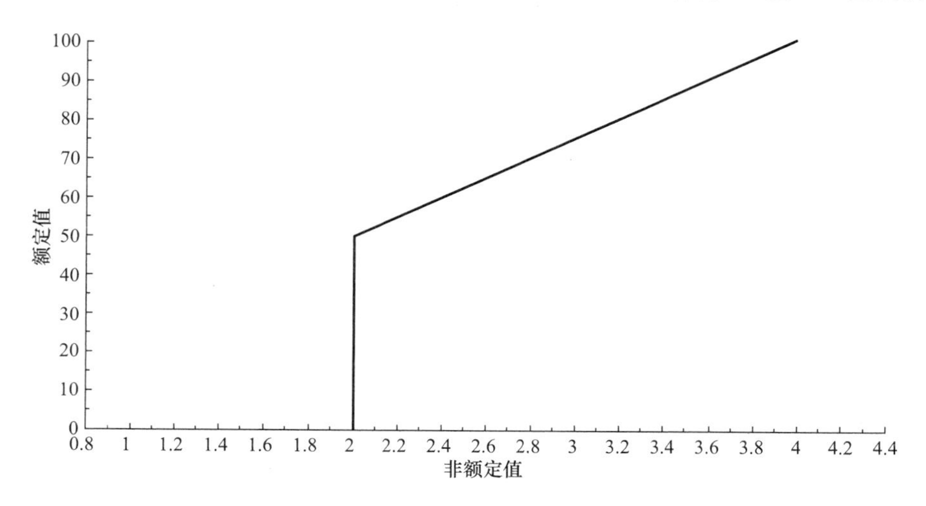

图 2-2　用于 PE3.2 的标准化函数

单位：财务报表使用的货币

可靠性：表 36

2.4　应急计划（PE4）

使用合适的饮用水与污水服务是一项基本社会需求。因此，为保证饮用水与污水服务在干旱、恐怖行动等自然灾害或突发事件发生的情况下能够正常提供，水务公司必须将保险措施纳入基础设施的设计与运营中并提前做出合适的方案应对紧急状况。PE4 下的指标用于评估水务公司为应对紧急状况而设置的应急计划的质量，即一个应急计划处理紧急状况的有效性与质量。

实践：

PE4.1“应急”计划

2.4.1　“应急”计划（PE4.1）

类型：最佳实践

服务：饮用水和/或公共卫生

标准化：根据实践加权

术语：系统，应急

定义：计划包含应对“紧急状况”所需的各种要素。如表 2-9 所示。

PE4.1“应急”计划的良好实践列表　　**表 2-9**

序号	实践	可靠性	权重
1	具有对水务公司面临的主要风险的详细分析，包括对相应风险出现的可能性的预测	T.37	1
2	具有漏洞分析，明确“系统”中最可能受到影响的部分	T.37	1
3	明确并实施减少“系统”漏洞的缓解措施，并将其列入投资计划	T.38	1

续表

序号	实践	可靠性	权重
4	“应急”计划确定负责发出警报的部门且设专人负责监控	T. 37	1
5	“应急”计划包含应急指挥小组的确立以及与其他机构签订优先协作协议，明确享受优先修复服务的用户	T. 37	1
6	“应急”计划紧跟最近发生的影响水务公司的事件而进行全面更新，根据制约因素的修正做出调整，或者将预先确立的规则合法化	T. 37	1
7	“应急”计划已经广泛传达给负责执行的员工	T. 4	1

2.5 研发（PE5）

在科技进步和以最低成本提供最优服务需求的推动下，现代水务公司充分意识到提高技术与服务水平的重要性。因此，需调配出专项资金投入到研究与开发中，特别是投入到新工艺或者改进现有工艺的研究与开发中去。

实践：

PE5.1 研究与开发。

指标：

PE5.2 研发投资。

2.5.1 研究与开发（PE5.1）

类型：最佳实践

服务：饮用水和/或公共卫生

标准化：根据实践加权

术语：

定义：包含表 2-10 的内容

PE5.1 研究与开发的良好实践列表 **表 2-10**

序号	实践	可靠性	权重
1	研发计划需包含以下内容：整体的与具体的目标、工作步骤、工作目标、活动计划、预算以及对负责研发计划的人员安排	T. 2	5
2	研发活动需系统性地收集和整理信息，以改进内部实践	T. 2	1
3	研发活动包含某些形式的专利研究或对专利研究有贡献的实践	T. 2	1
4	“系统”为访问文件与出版物提供许可，并提供订阅主要贸易杂志与在线信息系统的会员服务	T. 2	1
5	在研发部门中至少有一个员工负责收集和传递与研发相关的新闻	T. 2	1
6	具有为专家与技术人员建立的一套正规且持续的专业发展计划，包括课程、讨论会与专业研究生学习等（注：这套计划是一般培训中的一个特殊部分）	T. 2	3
7	以学术访问、研讨会等形式与其他水务公司交流经验	T. 2	1
8	具有与当地或国际机构签订的研发协议	T. 2	1
9	具有研发活动监测系统	T. 2	2

2.5.2 研发投资（PE5.2）

定义：3 年中用于研究与开发的费用支出（和/或投资）占同时期水务公司总运营收入的百分比。

类型：指标

服务：饮用水和/或公共卫生

术语：

公式：([EP5－V1]/[SF3－V12]×100　单位：%

标准化函数如图 2-3 所示。

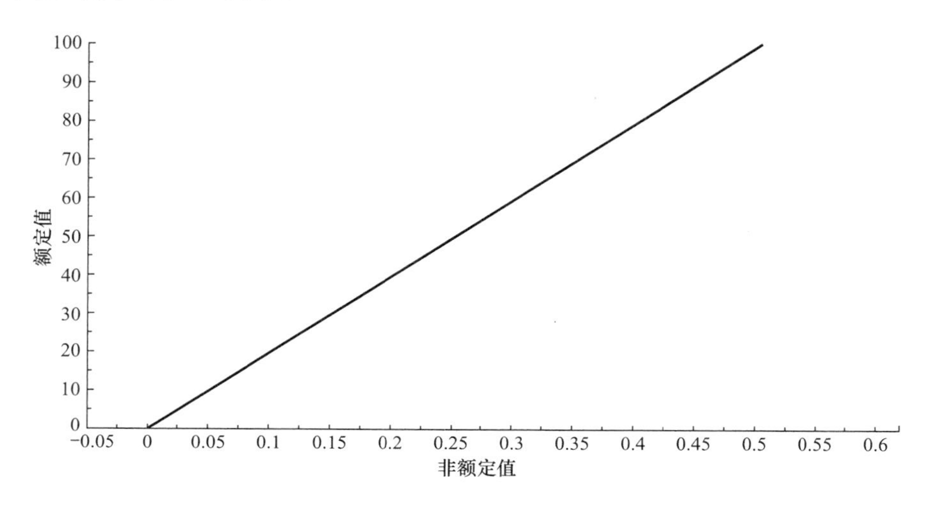

图 2-3　用于 PE5.2 的标准化函数

变量：

[EP5－V1] 用于研究与开发的费用支出（或投资）。

定义：水务公司为新产品/新工艺开发或现有产品/现有工艺改进支付的费用（或投入的资金）。

单位：财务报表使用的货币

可靠性：表 39

[SF3－V12] 水务公司为用户提供服务所获得的收益。

定义：在某一时期，利润表或损益表所记录的水务公司为用户提供服务或商品所获得的收益。该收益与应收款相一致。

单位：财务报表使用的货币

可靠性：表 88

备注：若待评估企业的财务报表范围不符合评估范围，可使用修正的可靠性表。详见表 1088。

3 运行效率（OE）

对企业而言，可用资源的有效利用是提供高质量公共服务的本质。对水资源和能源的有效利用以及对基础设施和运行维护成本的有效管理是运行效率的基石。

本章着重评估项目所需各种资源的利用效率，以期符合服务质量标准、规章制度或公共设施战略计划中设立的目标。服务质量的合规性将在服务质量类别中单独评估。

评估将统计基础设施运行时主要资源（水、能源等）的使用量，并将其作为基础设施规划和管理实践的成果，用于其他类别的评估。

评估包含如下子类：

（1）OE1 水资源管理效率；

（2）OE2 能源使用效率；

（3）OE3 基础设施管理效率；

（4）OE4 运行和维护的成本效率。

3.1 水资源管理效率（OE1）

水资源管理效率子类将度量并入供水和配水“系统”（从自然资源引入或从其他“系统”导入）的水资源的实际使用量。使用过的资源是指那些最终消耗在已知且被认可的地点的资源。使用过的水不包括水箱溢流水、实际水损、操作用水和违章用水。

表观水损、未计费水（无收益水）等效率管理中一些常用的参数，由于与基础设施效率或流程的各项指标直接相关，已经在其他合适的评估类别中予以考虑，因此并未包含在此类评估因子中。

个人用户对自己水资源的有效利用及其与需求管理的关系通常属于运行效率政策。但在本评估系统中，这些内容属于环境可持续性参数。在本评估类别中，它的内容只用于评估是否遵守相关的需求管理计划政策（自愿实施或由监管部门强制实施）。

实践：

（1）OE1.1 用水控制；

（2）OE1.3 真实漏失管理；

（3）OE1.5 运行用水管理；

（4）OE1.7“中水”管理。

指标：

（1）OE1.2 使用和消耗点的用水控制；

（2）OE1.4 供水、输水、配水设施中的实际水损；

（3）OE1.6 操作用水；

（4）OE1.8“回用水”。

3.1.1 用水控制（OE1.1）

类型：最佳实践

服务：饮用水

标准化：根据实践加权

术语：系统，资产，饮用水供水系统进水口

定义：包含表3-1的内容

OE1.1用水控制的良好实践列表　　表3-1

序号	实践	可靠性	权重
1	在所有使用和消耗点安装独立的速度式水表或容积式水表（微计量），每季度至少读数并记录一次	T.1	2
2	在所有“供水系统的进水口”安装速度式水表或容积式水表，每小时至少读数并记录一次	T.1	3
3	有关于标定和更新独立水表（微计量）的政策，使其误差水平或置信区间符合法规或保持在同类计量产品的水平	T.6	1
4	有关于标定、更新和验证“系统进水口”水表的政策，使其误差水平或置信区间符合法规或保持在同类计量产品的水平	T.6	1
5	在配水设施的地理数据库中可以查询到所有使用和消耗点的位置信息	T.3	1
6	配水管网分区域，每个区域的进水量要经常测量（至少每小时测量一次）。每个区域不超过10000栋建筑。此实践仅用于判断是否满足90%以上线网长度被分区的要求	T.3	1
7	每季度至少计算和记录一次整个供水管网中供水量和所控制的耗水量之间的平衡	T.6	2
8	每月至少计算和记录一次所有分区中供水量和所控制的耗水量之间的平衡，如果耗水量记录要求更大的时间间隔，则耗水量按相应比例计算	T.6	1
9	有减少不受控水量的程序、统一的或特定的计划。它除了计量所有使用量和消耗量之外，还包括减少无收益使用和消耗的水量	T.6	1
10	有各分区和整个系统供水量计量的可靠性指标	T.6	1

3.1.2 使用和消耗点的用水控制（OE1.2）

该指标通过测量每个用水和消耗点的流速与流量，评估对于进入供水“系统”的水在最终得到使用的程度。它显示了水平衡可靠性和区域配水情况，反映了良好的实践做法。在很多情况下，它还是估量水资源利用效率所使用的众多参数中最不具争议的参数。它同样还是分析问题和实施改进措施的最佳起始点。单个耗水点的消耗量只能通过估算方法得到，其可靠性必然要低很多。

非可控水包括实际水损、表面水损、违章用水、操作用水以及在已知地点使用和消耗但由于未安装水表没有计量的水（也归于授权使用）。

定义：“进入系统”内被消耗并被微计量的水占进入“系统”的总水量的百分比。考虑评估日期前整个日历年中个体消耗的总水量（无论是否签订用水协议）。

类型：指标

服务：饮用水

术语：系统，进入系统的水量

公式：([EO1－V1]/[EO1－V2])×100　单位：%

标准化函数如图 3-1 所示。

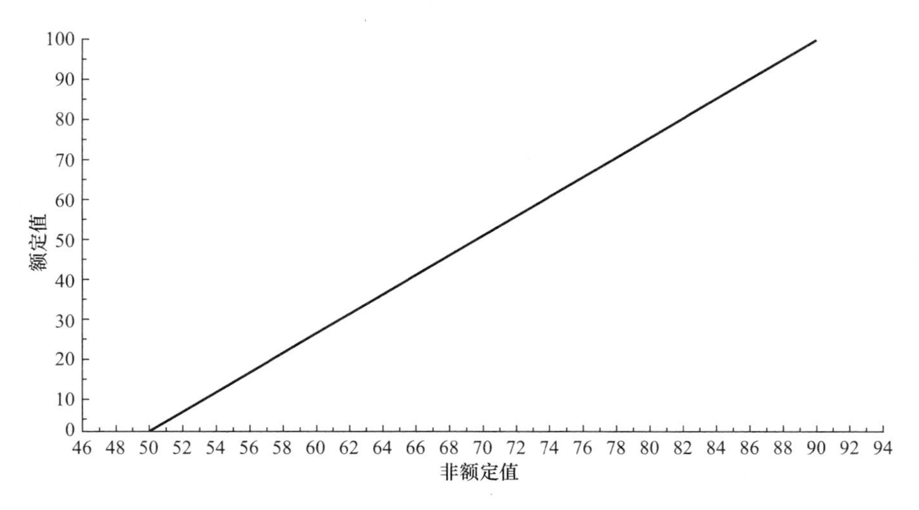

图 3-1　用于 OE1.2 的标准化函数

变量：

[EO1－V1] 在使用和消耗点被消耗并被微计量的“进入系统的水量”。

定义：在使用和消耗点被消耗并被微计量的“进入系统的水量”。

单位：m^3

可靠性：表 40

[EO1－V2]“进入系统的总水量”。

定义：“进入系统的总水量”。

单位：m^3

可靠性：表 41

3.1.3　真实漏失管理（OE1.3）

类型：最佳实践

服务：饮用水

标准化：根据实践加权

术语：事件

定义：包含表 3-2 的内容

OE1.3 真实漏失管理的良好实践列表　　**表 3-2**

序号	实践	可靠性	权重
1	水务公司有明确的部门管理真实漏失，或者定义了明确的操作规程	T.2	1
2	有根据标准原则（国际水协会或类似组织制定，区分表观漏失和真实漏失、授权用水和非授权用水）估算真实漏失的程序，用以估算非可控水量。每月至少计算一次真实漏失水量	T.6	3
3	对各种探测、定位、修复真实漏失技术的效率进行分析，对每个区域/片区未控制的水平衡进行计算	T.2	1

续表

序号	实践	可靠性	权重
4	确定绩效水平和参数，以指导实践及识别和减少真实漏失（每年至少进行一次评估和跟踪）	T. 2	2
5	减少真实漏失是基础设施重建和压力管理政策应考虑的因素和目标之一	T. 2	2
6	漏损“事件”的资料和记录在地理数据库可查	T. 6	2
7	待评估的地理区域的水损评估至少基于整个区域的平衡对比和最小流速，或者组成整个待评估区域的小型区域的总和	T. 6	1
8	有计量各分区的或用于水损控制的计量点的最小夜间流量的可靠性指标	T. 2	1
9	有监测（至少每日一次）各分区平均和最小流速波动情况的程序用于支撑降低漏损的行动	T. 6	1

3.1.4 供水、输水、配水设施中的实际水损（OE1.4）

实际水损指从供水和配水设施中无意流失和在非规划网点上用作计划之外用途的水量。

定义：在评估日前一整年内，在“待评估的地理区域”中由欠佳的供水、输水和配水设施状况或不合理的操作导致的，相对于管道长度或服务连接点数量的日均漏损水量。计算该漏损水量时必须将由修补破裂管道和地下管道泄漏造成的水损考虑在内。

类型：指标

服务：饮用水

术语：待评估的地理区域

公式：当连接点密度<20 时

[EO1－V3]/[EO1－V4]　单位：m^3/(km・d)

当连接点密度≥20 时

[EO1－V3]/[EO1－V5]　单位：m^3/(连接点・d)

标准化函数如图 3-2、图 3-3 所示。

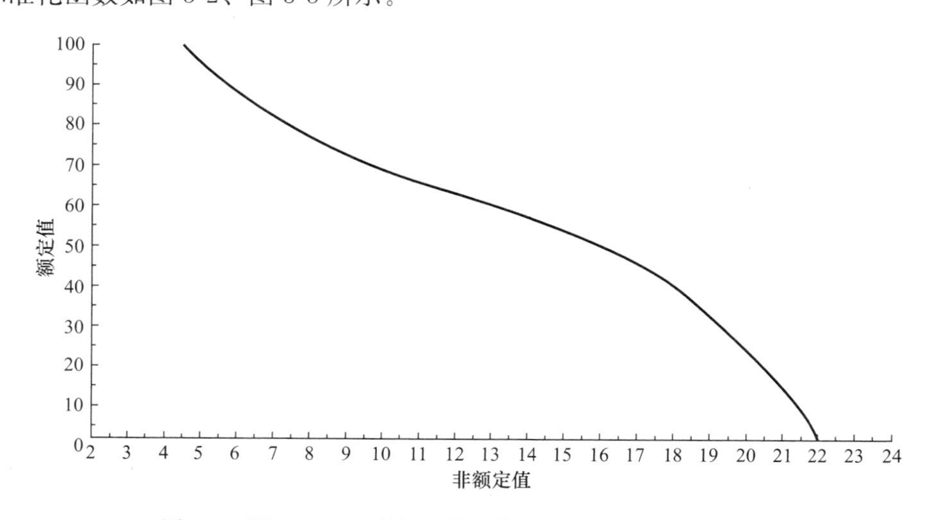

图 3-2　用于 OE1.4 的标准化函数（当连接点密度<20 时）

变量：

[EO1－V3] 由欠佳的供水、输水和配水设施状况或不合理的操作导致的物理漏损水量。

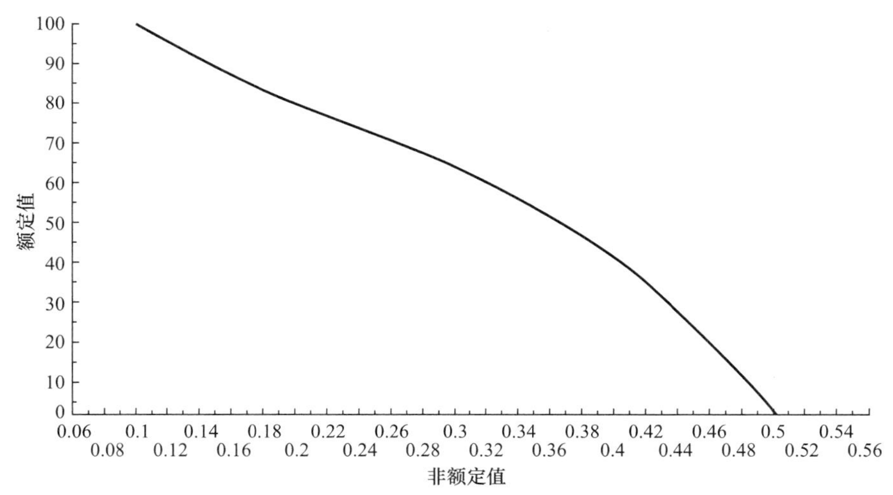

图 3-3　用于 OE1.4 的标准化函数（当连接点密度≥20 时）

定义：由欠佳的供水、输水和配水设施状况或不合理的操作导致的在评估日前一整年内的物理漏损水量。计算该漏损水量时必须将由修补破裂管道和地下管道泄漏造成的水损考虑在内。

单位：m^3/d

可靠性：表 42

[EO1－V4] 供水、输水和配水管道的长度。

定义："待评估的地理区域"内，用于供水、输水和配水并由公司负责经营和维护的管道的长度（取用评估日前一整年年末的数据），包括用于输送原水的管道长度和用于输送中水的管道长度，但不包括服务连接点的管道长度。

单位：km

可靠性：表 43

[EO1－V5] 评估日前一整年年末的饮用水服务连接点的总数。

定义：评估日前一整年年末的饮用水服务连接点的总数。

单位：连接点

可靠性：表 44

3.1.5　运行用水管理（OE1.5）

类型：最佳实践

服务：饮用水

标准化：根据实践加权

术语：

定义：包含表 3-3 的内容

OE1.5 运行用水管理的良好实践列表　　**表 3-3**

序号	实践	可靠性	权重
1	排水、集水池排空和滤池清洗操作的信息在地理信息系统中可查	T.3	1
2	有一套根据各项操作涉及的漏水管道的长度和工作压力或根据临时流量测量结果判断每项操作中漏失水量的具体标准	T.6	1

续表

序号	实践	可靠性	权重
3	有一套记录了设施的替换或安装，用以评估新设施在启动阶段的用水量的系统	T. 3	1
4	有一套用于减少操作用水的详尽规程或计划	T. 6	2
5	有一套用于对比每一区域或部门的预计流量和实际流量以及用以进行有效的水量平衡分析的系统	T. 6	1

3.1.6 操作用水（OE1.6）

本指标用于评估在供水与配水“系统”上操作消耗的水量，如清洗处理厂滤池且未回用的水量，疏通和修理设备管道消耗的水量，为保证合理供水质量而进行的临时的或系统的设备清理消耗的水量，服务于设备清洁和维护目的集水槽排空消耗的水量。

评估通过对比各项操作消耗的水量和“进入系统的总水量”来实现。

定义：在评估日前一整年内，发生在供水、处理和配水设施上的义务性、自发性操作消耗的水量占进入系统的总水量的百分比。

类型：指标

服务：饮用水

公式：([EO1－V6]/[EC1/V2])×100　单位：%

标准化函数如图 3-4 所示。

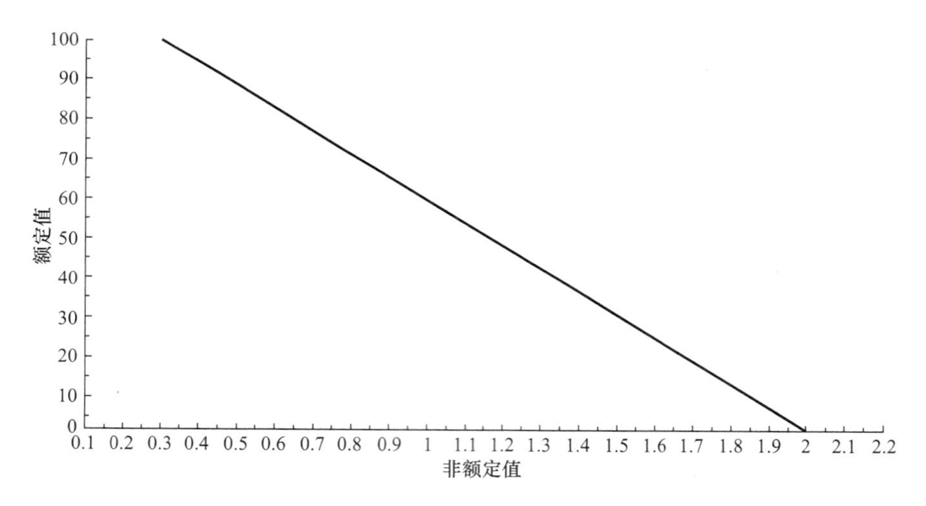

图 3-4　用于 OE1.6 的标准化函数

变量：

[EO1－V2]“进入系统的总水量”。

定义：“进入系统的总水量”。

单位：m^3

可靠性：表 41

[EO1－V6] 基础设施运行消耗的水量。

定义：基础设施运行消耗的水量（包括公司对管道、集水槽、设备和设施进行疏通和清洁而消耗的水量）。

单位：m^3

可靠性：表45

3.1.7 “中水”管理（OE1.7）

类型：最佳实践

服务：饮用水和/或公共卫生

标准化：根据实践加权

术语：中水

定义：包含表3-4的内容

OE1.7“中水”管理的良好实践列表　　表3-4

序号	实践	可靠性	权重
1	有一套生效的污水直接回用计划	T.2	1
2	对“中水”采用了一套差异化的价格机制	T.2	1
3	采用了促使公众和个人使用“中水”的一系列激励措施	T.2	1
4	有一套监测“中水”水质的系统	T.2	1
5	有一套针对“中水”设施的规章制度和标准	T.2	1

3.1.8 “回用水”（OE1.8）

本指标用于评定污水直接回用的程度。污水从指定的厂子经过处理后回收，达到特定的质量要求后方可再使用。出于考核目的，本指标仅评估从待评估的水务公司服务的待评估的地理区域内回收和回用的污水；从私有财产（工业、机构或家庭财产）内回收和回用的污水不被纳入评估范围。目前中水供给还不是一项普遍业务，因此不将回用水评估视为服务质量评估的一部分，而是将其放在本类别下进行讨论。

在各个系统中，污水的最理想（高效）回用取决于多个因素，这可能导致对污水回用程度的评估具有高度复杂性。即便如此，在一定程度上使用回用水将始终是水资源有效管理的导向。

本指标的评估通过对比已知中水水量与进入处理和配水系统中适用于消费的“总水量”来实现。

定义：在评估日前一整年内，待评估的水务公司在“待评估的地理区域”内“回用”的“中水”水量占为满足某种消费需求而进入处理和配水系统中的“总水量”的百分比。

类型：指标

服务：饮用水和/或公共卫生

术语：进入系统的水量，中水，回用水，待评估的地理区域

公式：([EO1－V7]/[EO1－V2])×100　单位：%

标准化函数如图3-5所示。

变量：

[EO1－V2]“进入系统的总水量”。

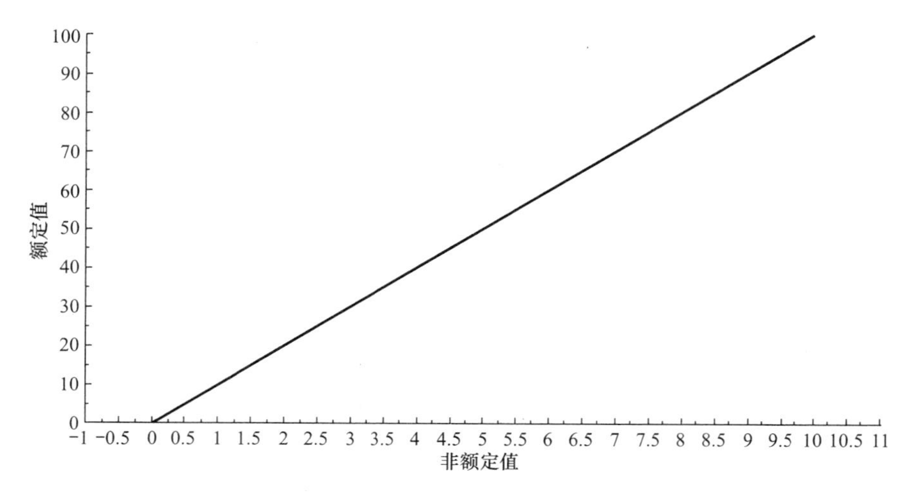

图 3-5 用于 OE1.8 的标准化函数

定义："进入系统的总水量"。

单位：m^3

可靠性：表 41

[EO1－V7]"中水"水量。

定义：在"待评估的地理区域"内消耗的"中水"水量。

单位：m^3

可靠性：表 46

3.2 能源使用效率（OE2）

饮用水和污水服务造成的能源消耗很大程度上取决于管理供水质量和污水处理厂排污质量的监管机构的要求，同样也取决于进入"系统"的原水的品质特征、区域地形分布和将污水排入污水收集处理管网的活动的类型。以下评估要素将针对这些影响因素对能源的使用效率进行相关讨论。

实践：

OE2.1 能源使用效率。

指标：

OE2.2 用于降低污染物负荷量的能源消耗。

3.2.1 能源使用效率（OE2.1）

类型：最佳实践

服务：饮用水和/或公共卫生

标准化：根据实践加权

术语：系统

定义：包含表 3-5 的内容

OE2.1 能源使用效率的良好实践列表　　　　**表 3-5**

序号	实践	可靠性	权重
1	以至少5年一次的频率开展能源审计。审计范围为“系统”中所有消耗能源的设备	T.47	3
2	根据能源消耗计量，在至少90%的受审计设备上实行了能源审计提出的措施及建议	T.47	3
3	有一套针对饮用水供给、处理、配送“系统”和污水收集处理系统运行以及优化能源消耗的方案	T.2	2
4	在设施和设备设计过程中考虑了能源最优化	T.2	2
5	在规划设备和“系统”的运行过程中，从整体上考虑了能源的最优化	T.2	1
6	有一套改善和降低单位能耗的计划。该计划中应包含年度目标和确保目标达成的监督措施	T.2	2

3.2.2　用于降低污染物负荷量的能源消耗（OE2.2）

指污水处理厂降低每单位污染物负荷而产生的能源消耗量，用于对污水处理过程中产生的能源消耗量进行补充性评估。虽然能源消耗量不是决定污水处理过程效率的唯一变量，但一般而言，其确实会对入厂水流经处理后转化成排入自然环境的出厂水流中的污染物负荷量有着最显著的影响。这就是采用能源消耗量为代表性评估因素的原因，使用该变量有助于对各个系统进行连续一致的评估。

定义：降低从入厂水流到出厂水流中的每千克 BOD_5 污染物而在整个污水处理过程中产生的能源消耗量。计算本指标取用评估日前一整年内的数据的平均值。

类型：指标

服务：公共卫生

术语：

公式：[EO2－V1]/[EO2－V2]　单位：kWh/kg BOD_5

标准化函数如图 3-6 所示。

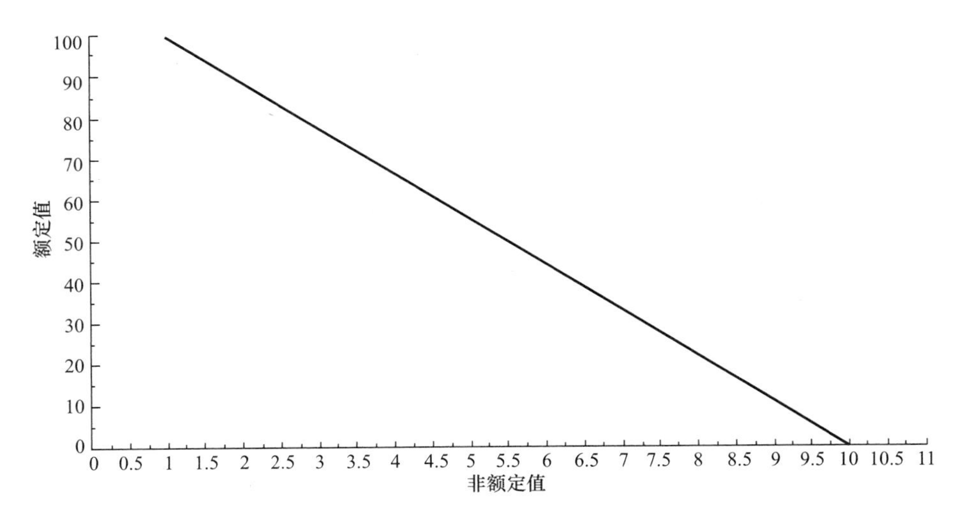

图 3-6　用于 OE2.2 的标准化函数

变量：

[EO2－V1] 所有污水处理厂的总能耗。

定义：所有污水处理厂在指定年份内的总能耗。

单位：kWh

可靠性：表 48

[EO2－V2] 在整个指定年份内，进入污水处理厂受处理的水流中和相对应的出厂水流中包含的 BOD_5 总量间的差异。

定义：在整个指定年份内，进入污水处理厂受处理的水流中和相对应的出厂水流中包含的 BOD_5 总量间的差异。

单位：kg BOD_5

可靠性：表 49

3.3 基础设施管理效率（OE3）

基础设施的运行和维护效率可通过计算偶然故障出现的次数和解决这些故障而花费的时间来度量。在大多数情况下，这些故障会导致服务中断从而对服务产生影响，该部分内容已在服务质量类别中进行过评估。尽管如此，将基础设施管理效率归纳为 OE 类别的参数仍然具有合理性：这使公司能够对预防性和修复性基础设施维护工作进行针对性评估，并量化配置的投入和取得的效果。

基础设施管理的规划过程已在规划效率部分进行过讨论，在本节中不作考虑。此处仅考虑检查工作及其后的修复措施，以及属于修复性维护和预防性维护部分的意外事故和设备故障的解决。

实践：

(1) OE3.1 取水、处理和配水设施的管理效率；

(2) OE3.6 污水收集和处理设施的管理效率。

指标：

(1) OE3.2 输水和配水管道损坏的次数；

(2) OE3.3 服务连接点（与私人供水系统的连接点）损坏的次数；

(3) OE3.4 与取水、处理和配水“系统”相关的固定实物资产的修复性维护费用；

(4) OE3.5 与取水、处理和配水“系统”相关的固定实物资产的预防性维护费用；

(5) OE3.7 在旱季对污水收集管网造成影响的偶发性“小事故”；

(6) OE3.8 与污水收集与处理“系统”相关的固定实物资产的修复性维护费用；

(7) OE3.9 与污水收集与处理“系统”相关的固定实物资产的预防性维护费用。

3.3.1 取水、处理和配水设施的管理效率（OE3.1）

类型：最佳实践

服务：饮用水

标准化：根据实践加权

术语：系统，小事故，预防性维护，修复性维护

定义：包含表 3-6 的内容

OE3.1 取水、处理和配水设施的管理效率的良好实践列表 表3-6

序号	实践	可靠性	权重
1	取水、处理和配水设施的信息在地理信息系统（GIS）中可查	T.3	1
2	有一个专门负责维护和更新GIS中设施信息的部门	T.6	1
3	有一套保障GIS中设施性能信息更新的规程；规程内容包含按照规定的时间安排进行信息更新的保证	T.6	1
4	有一套转播了至少20%的系统战略部分中可调动的仪器与设备的运行状态的远程监控系统	T.3	1
5	有一套识别“小事故”的早期预警系统（包括远程控制、事故分级、在线指示）	T.3	2
6	有一套管理设施检查和“预防性维护”的综合系统	T.3	2
7	建立并使用了一套控制配水管网水压的系统	T.3	2
8	有一个综合系统，用于管理发生在设备运行、预警和投诉领域的异常状况的报告和解决方案	T.3	3
9	有一套“预防性维护”方案	T.6	1
10	对“预防性”和“修复性”维护费用进行了监测与控制	T.6	1
11	对设备和设施的性能和使用年限进行了一系列研究或分析	T.6	1

3.3.2 输水和配水管道损坏的次数（OE3.2）

定义：“系统”中每千米输水或配水管道在一整年中报告损坏的次数。取用近3个整年的数据的平均值。

类型：指标

服务：饮用水

术语：系统，待评估的地理区域

公式：[EO3－V1]/[EO3－V4] 单位：次/km

标准化函数如图3-7所示。

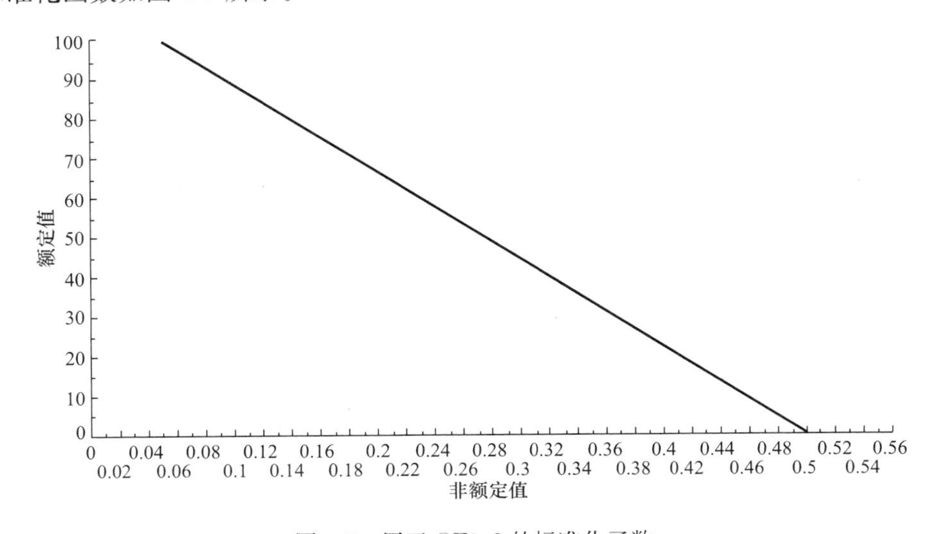

图3-7 用于OE3.2的标准化函数

变量：

[EO1－V4] 供水、输水和配水管道的长度。

定义：在“待评估的地理区域”中由水务公司负责（至评估日前一整年年底）运营和维护的供水、输水和配水管道的长度，包括输送原水和输送中水的管道的长度，但不包括服务连接点管道的长度。

单位：km

可靠性：表 43

[EO3－V1] 输水或配水管道在一整年中损坏的次数。

定义：输水或配水管道在一整年中损坏的次数（取用近 3 个整年的数据的平均值）。

单位：次

可靠性：表 50

3.3.3 服务连接点（与私人供水系统的连接点）损坏的次数（OE3.3）

定义：上报的每 100 个连接点发生损坏的次数（取用近 3 个整年的数据的平均值）。

类型：指标

服务：饮用水

术语：

公式：([EO3－V2]/[EO1－V5])×100　单位：次/100 连接点

标准化函数如图 3-8 所示。

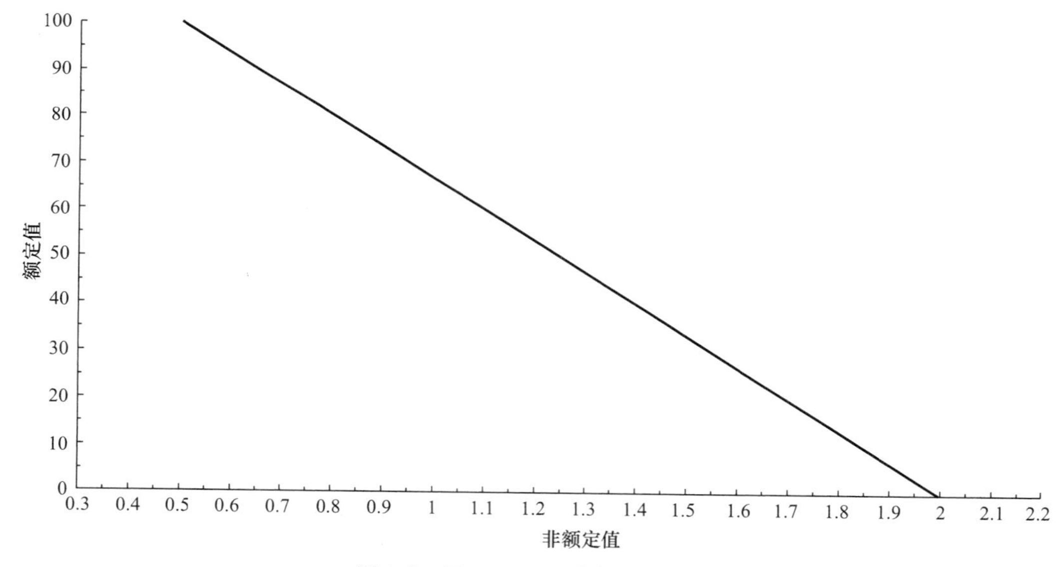

图 3-8　用于 OE3.3 的标准化函数

变量：

[EO1－V5] 饮用水服务连接点在评估日前一整年年末的总数量。

定义：饮用水服务连接点在评估日前一整年年末的总数量。

单位：连接点

可靠性：表 44

[EO3－V2] 连接点在一年中发生损坏的次数。

定义：连接点在一年中发生损坏的次数（取用近 3 个整年的数据的平均值）。

单位：次

可靠性：表 51

3.3.4 与取水、处理和配水“系统”相关的固定实物资产的修复性维护费用（OE3.4）

指对与取水、处理和配水“系统”相关的固定实物资产进行修复性维护而产生的费用（包括因处理“小事故”而产生的费用）占对应的固定实物资产总值的百分比。修复性维护费用包括修复损坏处而产生的费用和解决其他一些影响服务交付的“小事故”而产生的费用，以及更新计划之外的设施置换费用和补偿由设施异常状况导致的对第三方的损害而产生的费用。在为设施投保的情况下，还包括购买保险的年度费用。本指标的计算将采用评估日前一整年的费用数据和财政周期起始的固定实物资产总值。

定义：对与取水、处理和配水“系统”相关的固定实物资产进行修复性维护而产生的费用占对应的固定实物资产在评估日前一整年年初的总值（不包括土地价值）的百分比。可考虑取用近 3 个整年的数据的平均值。

类型：指标

服务：饮用水

术语：系统，小事故，修复性维护，待评估的地理区域

公式：（[EO3－V3]/[EP3－V2.1]）×100　单位：%

标准化函数如图 3-9 所示。

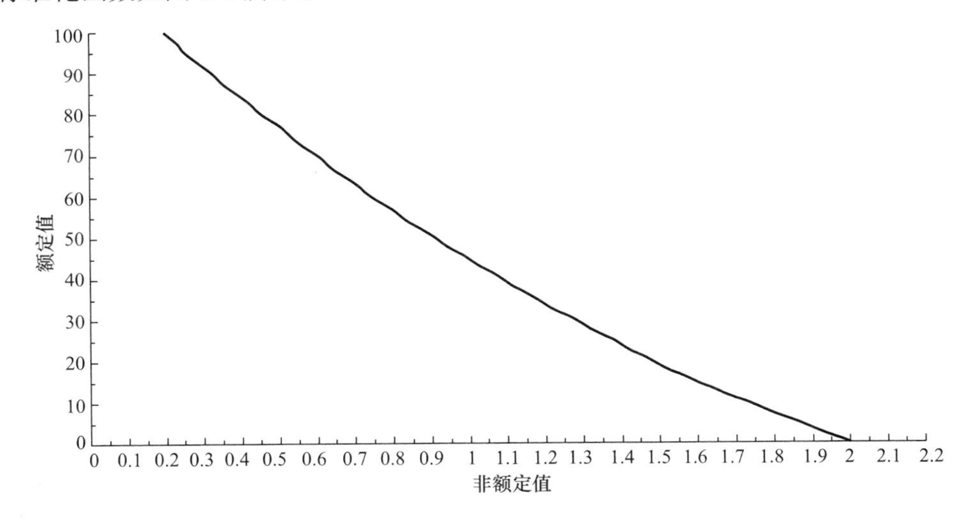

图 3-9　用于 OE3.4 的标准化函数

变量：

[EO3－V3] 对与取水、处理和配水“系统”相关的固定实物资产进行“修复性维护”而产生的年度总费用。

定义：对与取水、处理和配水“系统”相关的固定实物资产进行“修复性维护”而产生的年度总费用，包括解决小事故、进行更新计划之外的设施置换、对第三方受到的损害进行补偿以及购买指定保险产生的费用。

单位：财务报表使用的货币

可靠性：表 35

[EP3－V2.1] 与取水、处理和配水“系统”相关的固定实物资产的总值。

定义：在“待评估的地理区域”内与取水、处理和配水“系统”相关的（不包括土地的）固定实物资产的总值，包括非公司所有但由公司负责支付置换或维护费用的设备的总值。固定实物资产的实际总值必须与年初录入账目的总值相一致。在适用的情况下，采用价格调整后的数值。

单位：财务报表使用的货币

可靠性：表 36

3.3.5 与取水、处理和配水“系统”相关的固定实物资产的预防性维护费用（OE3.5）

指对与取水、处理和配水“系统”相关的固定实物资产进行预防性维护而产生的费用（包括检查费用、处理和解决在检查过程中检测到的异常状况的费用及置换费用）占对应的（不包括土地的）固定实物资产总值的百分比。设施和设备的计划性更新费用不被视为预防性维护费用。

定义：对与取水、处理和配水“系统”相关的固定实物资产进行预防性维护而产生的费用占对应的固定实物资产在评估日前一整年年初的总值（不包括土地价值）的百分比。取用近 3 个整年的数据的平均值。

类型：指标

服务：饮用水

术语：系统，预防性维护，待评估的地理区域

公式：([EO3－V4]/[EO3－V2.1])×100　单位：%

标准化函数如图 3-10 所示。

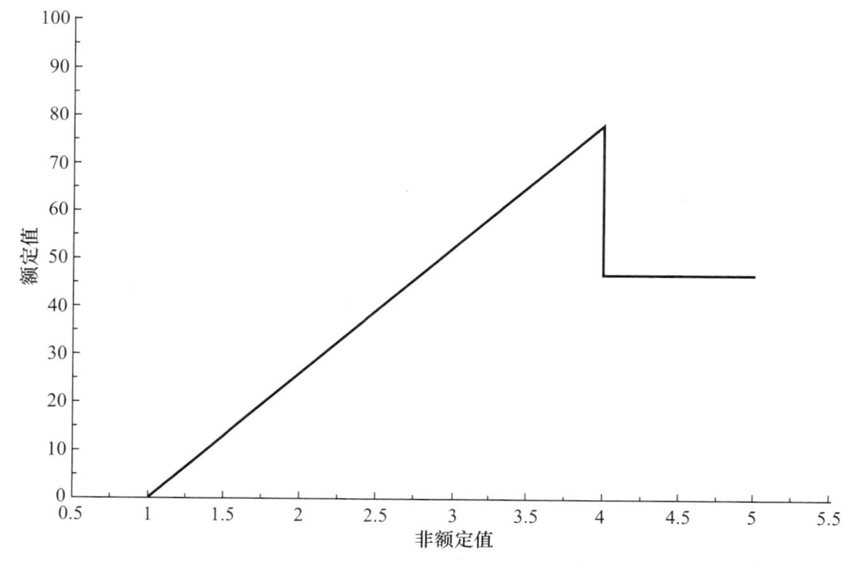

图 3-10　用于 OE3.5 的标准化函数

变量：

[EO3－V4] 对与取水、处理和配水“系统”相关的固定实物资产进行“预防性维护”而产生的年度费用。

定义：对与取水、处理和配水“系统”相关的固定实物资产进行“预防性维护”而产生的年度费用（取用近3个整年的数据的平均值）。

单位：财务报表使用的货币

可靠性：表35

[EP3－V2.1] 与取水、处理和配水“系统”相关的固定实物资产的总值。

定义：在“待评估的地理区域”内与取水、处理和配水“系统”相关的（不包括土地的）固定实物资产的总值，包括非公司所有但由公司负责支付置换或维护费用的设备的总值。固定实物资产的实际总值必须与年初录入账目的总值相一致。在适用的情况下，采用价格调整后的数值。

单位：财务报表使用的货币

可靠性：表36

3.3.6 污水收集和处理设施的管理效率（OE3.6）

类型：最佳实践

服务：公共卫生

标准化：根据实践加权

术语：系统，小事故，预防性维护，修复性维护

定义：包含表3-7的内容

OE3.6 污水收集和处理设施的管理效率的良好实践列表 **表3-7**

序号	实践	可靠性	权重
1	所有污水收集和处理设施的信息在地理信息系统（GIS）中可查	T.3	1
2	有一个专门负责维护和更新GIS中设施信息的部门	T.6	1
3	采用了一套保证设施性能信息更新的规程，规程内容包含按照规定的时间更新信息	T.6	1
4	有一套远程监控或等同的在线系统，该系统转播易操作的装置和设备在污水处理或排水管网中的运行状态（对于不存在易操作的装置和设备的“系统”，这一实践按照最高可靠性水平考虑）	T.3	1
5	有一套识别“小事故”的早期预警系统（包括远程控制、事故分级、在线指示）	T.3	2
6	有一套管理设施检查和“预防性维护”的综合系统	T.3	2
7	有一个综合系统，用于管理发生在设备运行、预警和投诉领域的异常状况的报告和解决方案	T.3	3
8	有一套“预防性维护”方案	T.6	1
9	对“预防性”和“修复性”维护费用进行了监测与控制	T.6	1
10	对设备和设施的性能和使用年限进行了一系列研究或分析	T.6	1

3.3.7 在旱季对污水收集管网造成影响的偶发性“小事故”（OE3.7）

定义：在评估日前一整年内，发生在每千米污水收集管网中的“小事故”的件数。所有将污水排入污水处理厂、小型污水处理设备或自然环境的管渠及主干管道的长度均记作污水

收集管网的长度。出海排水口的管道长度和发生的事故件数均不纳入本指标的评估范围内。

类型：指标

服务：公共卫生

术语：小事故，待评估的地理区域

公式：([EO3－V5]/[EO3－V6])×1000　单位：件/1000km

标准化函数如图 3-11 所示。

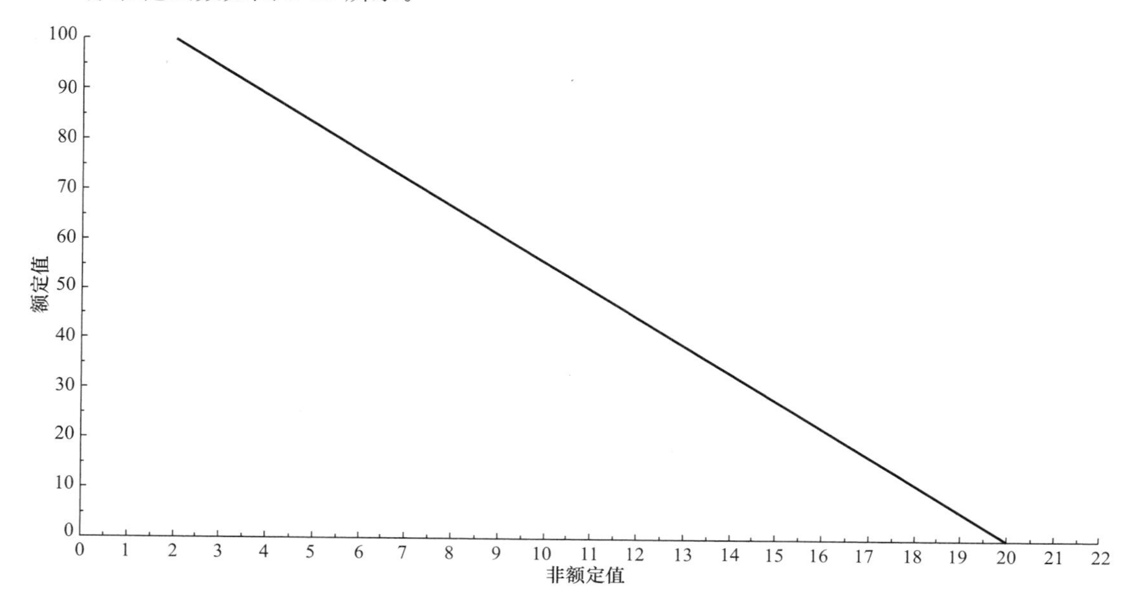

图 3-11　用于 OE3.7 的标准化函数

变量：

[EO3－V5] 在旱季对污水收集管网造成影响的“小事故”的数量。

定义：在评估日前一整年内，在旱季对污水收集管网造成影响的“小事故”的日均件数。所有需要采取调解措施进行补救并对污水收集管网的正常运行造成威胁的异常状况均记作“小事故”。

单位：件

可靠性：表 52

[OE3－V6] 污水收集管网的长度。

定义：至评估日前一整年年末为止的污水收集管网的长度。在“待评估的地理区域”内运营的所有将污水排入污水处理厂、小型污水处理设备或自然环境的管渠及主干管道的长度均记作污水收集管网的长度。

单位：km

可靠性：表 43

3.3.8　与污水收集与处理“系统”相关的固定实物资产的修复性维护费用(OE3.8)

指由所有发生在污水收集与处理“系统”中的修复性维护产生的费用（包括解决“小

事故”的费用）占相应固定实物资产总值的百分比。该费用包含损伤和所有其他对服务产生负面影响的事故的处理费用，更新计划之外的设施置换的费用和弥补由异常状况导致的对第三方的损害而产生的费用。在为设施投保的情况下，也包含购买保险的年度费用。本指标的计算将采用评估日前一整年的费用数据和财政周期起始的固定实物资产总值。

定义：对与污水收集与处理“系统”相关的固定实物资产进行修复性维护产生的年度费用占相应固定实物资产在评估日前一整年年初的总值（不包括土地价值）的百分比。可以考虑取用近 3 个整年的数据的平均值。

类型：指标

服务：公共卫生

术语：系统，小事故，修复性维护，待评估的地理区域

公式：（[EO3－V7]/[EP3－V2.2]）×100　单位：%

标准化函数如图 3-12 所示。

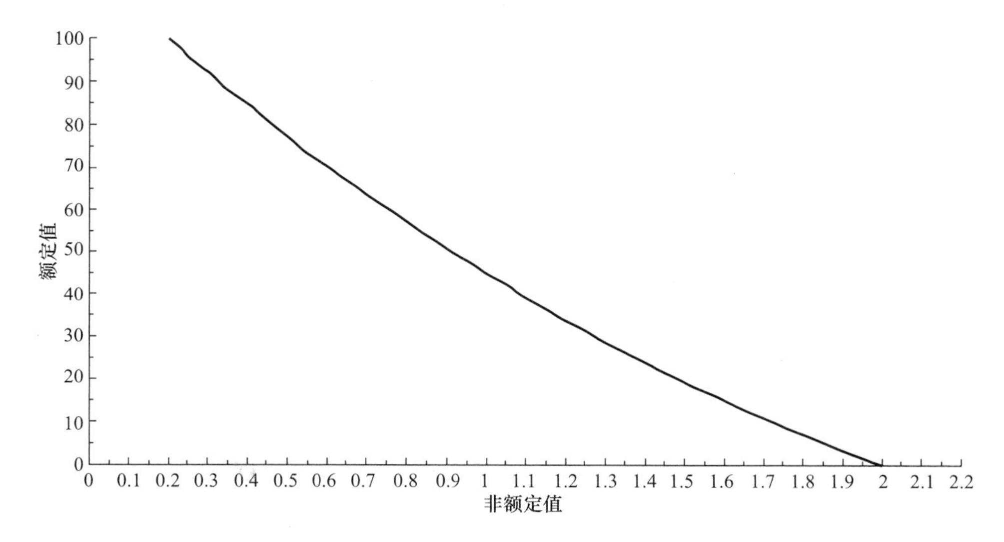

图 3-12　用于 OE3.8 的标准化函数

变量：

[EO3－V7] 对与污水收集与处理“系统”相关的固定实物资产进行修复性维护产生的年度总费用。

定义：对与污水收集与处理“系统”相关的固定实物资产进行修复性维护产生的年度总费用，包括解决小事故、计划之外的设施置换、弥补对第三方造成的损害和购买指定保险产生的费用。

单位：财务报表使用的货币

可靠性：表 35

[EP3－V2.2] 与污水收集与处理“系统”相关的固定实物资产的总值。

定义：“待评估的地理区域”内与污水收集与处理“系统”相关的固定实物资产的总值（不包括土地价值），包括非公司所有但由公司负责支付置换与维护费用的设施的总值。固定实物资产的实际总值必须与年初录入账目的总值相一致。在适用的情况下，可采用调整后的价值。

单位：财务报表使用的货币

可靠性：表 36

3.3.9 与污水收集与处理“系统”相关的固定实物资产的预防性维护费用(OE3.9)

指由所有发生在污水收集与处理“系统”中的预防性维护产生的费用（包括检查和处理、解决检查中发现的异常状况及设施置换的费用）占相应固定实物资产总值的百分比。由设备及设施的计划性更新产生的费用不在本指标的评估范围内。

定义：对与污水收集与处理“系统”相关的固定实物资产进行预防性维护产生的年度费用占相应固定实物资产在评估日前一整年年初的总值（不包括土地价值）的百分比。可以考虑取用近 3 个整年的数据的平均值。

类型：指标

服务：公共卫生

术语：系统，预防性维护，待评估的地理区域

公式：([EO3－V8]/[EP3－V2.2])×100　单位：%

标准化函数如图 3-13 所示。

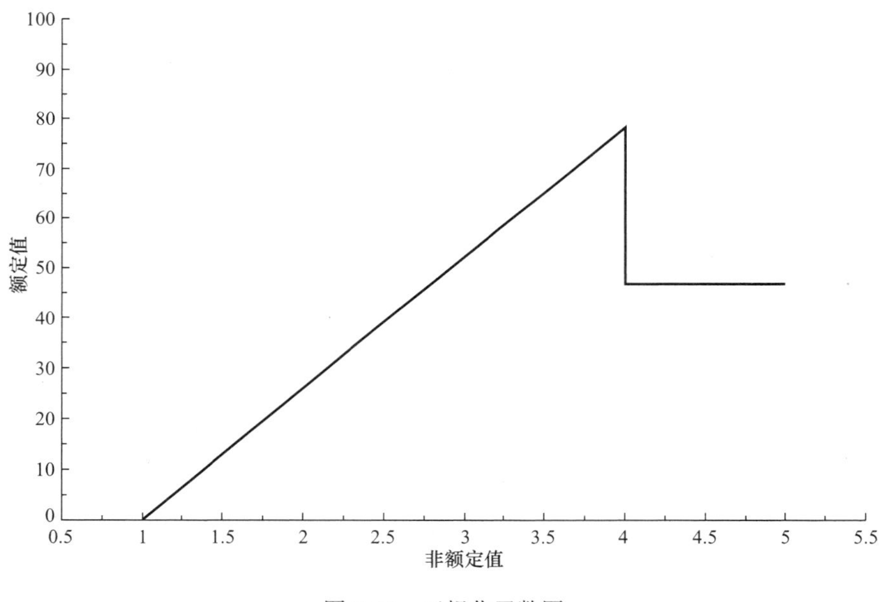

图 3-13　正规化函数图

变量：

[EO3－V8] 对与污水收集与处理“系统”相关的固定实物资产进行预防性维护产生的年度总费用。

定义：对与污水收集与处理“系统”相关的固定实物资产进行预防性维护产生的年度总费用。

单位：财务报表使用的货币

可靠性：表 35

[EP3－V2.2] 与污水收集与处理“系统”相关的固定实物资产的总值。

定义：“待评估的地理区域”内与污水收集与处理“系统”相关的固定实物资产的总值（不包括土地价值），包括非公司所有但由公司负责支付置换与维护费用的设施的总值。固定实物资产的实际总值必须与年初录入账目的总值相一致。在适用的情况下，采用调整后的价值。

单位：财务报表使用的货币

可靠性：表 36

3.4 运行和维护的成本效率（OE4）

最能表征运行效率的要素为运行成本与供应或处理水量之间的关系或者与受服务的用户数量或人口规模之间的关系。然而，由于现实情况间存在较大差异，除非进行均一化将获得的数值的多元变量全部纳入考虑范围内，否则不可能进行均衡的评估。因此采用以实践为基础的评估方法以区分发生的成本，分析效率等级和证实成本优化方案的存在。

实践：

OE4.1 运行和维护的成本效率。

3.4.1 运行和维护的成本效率（OE4.1）

类型：最佳实践

服务：饮用水和/或公共卫生

标准化：根据实践加权

术语：系统

定义：包含表 3-8 的内容

OE4.1 运行和维护的成本效率的良好实践列表 **表 3-8**

序号	实践	可靠性	权重
1	对整体运行和维护成本进行了单独的年度结算分析	T.2	1
2	对“系统”的运行和维护成本进行了单独的年度结算分析	T.2	1
3	对主要系统设施进行了单独的年度结算分析。结算分析的范围至少包括所有水处理厂、污水处理厂、主要泵站、饮用水配水和污水收集管网以及“系统”支持性运营	T.6	2
4	对以下运行成本的主要组成因素进行独立的、分离的月度结算分析：员工、试剂、能源消耗和第三方服务	T.6	2
5	在设施和设备设计阶段考虑了运行成本的优化	T.6	2
6	在规划设备和“系统”运行的过程中，从整体上考虑了运行成本的优化	T.6	2
7	有一套降低单位运行成本的方案，包括年度目标和确保实现目标的监督措施	T.6	3

4 企业管理效率（ME）

企业管理效率对于企业保持长期竞争力与可持续发展至关重要。这一领域的评估第一需要考虑战略规划的内容、制定过程和实施计划。第二，评估企业是否配备了监控和管理水务公司绩效的“管理控制系统”。第三，评估组织结构的特性，如是否有已更新的组织结构图，是否充分考虑了与饮用水和污水服务相关的基本职能，对每个职位的职责、权利和描述是否明确。第四，评估与企业管理密切相关的内容，即招聘、考评、人力资源开发与维护是否满足企业目标。第五，以效率为出发点评估采购程序，看其是否符合现行相关标准规范、负荷采购的参与性与透明性原则。第六，切片式评估员工效率和支持性资源的使用效率。

评估包含如下子类：

（1）ME1 战略规划；

（2）ME2 管理控制；

（3）ME3 组织结构；

（4）ME4 人力资源管理；

（5）ME5 采购管理；

（6）ME6 员工和后勤资源效率。

4.1 战略规划（ME1）

公司实现高效管理的一个重要因素是战略规划的制定与实施。所谓战略规划，是指制定一整套的行动措施并配备所需的资源以实现企业的中/长期目标。一个成功的战略规划需要建立目标、确定政策和行动方针，并制定详细的时间表。

这部分的评估基于两组良好的实践，关注以下两个方面：战略规划内容，战略规划制定过程与实施。

实践：

（1）ME1.1 战略规划内容；

（2）ME1.2 战略规划的制定与实施。

4.1.1 战略规划内容（ME1.1）

类型：最佳实践

服务：饮用水和/或公共卫生

标准化：根据实践加权

术语：战略地图

定义：战略规划应包含表 4-1 的内容。

ME1.1 战略规划内容的良好实践列表　　表 4-1

序号	实践	可靠性	权重
1	阐明企业使命和对未来的愿景	T.53	1
2	总结评估企业在服务可达性、服务质量、管理效率、环境可持续性、财务可持续性等方面的优势、劣势、机遇和挑战，至少需要对关键成功因素进行分析	T.53	1
3	基于上述的实践方法分析企业战略地位，包括识别机遇与挑战、关键成功因素	T.53	2
4	若行业或当地政府发展规划的目标是适用于该企业的，那么该目标可用于分析企业的现状	T.53	1
5	为了提高企业的战略地位和/或克服已知的困难，分析/评估企业的战略选择，需至少包括以下选项中的两项： （1）通过 BOT 或其他类似合同的基础设施建设； （2）公司重组； （3）部分服务外包； （4）通过管理合同的方法，将部分区域管理、服务基本功能（如销售和维护）或整个机构外包（在如下情况下可认定为最大的可靠性：1）分析上述 1 种战略选择，并至少实施以上 2 种；2）以上 3 种战略选择都未被分析，但至少 3 种正在实施）	T.53	4
6	战略目标（确定预期影响和方向）根据至少 5 年的关键绩效指标制定，而关键绩效指标是基于分析不同战略方案得来	T.53	3
7	明确每个战略目标的具体目标和截止期限	T.53	5
8	战略方针应针对顾客、所提供的服务、利益相关者、进程、员工及技术而制定	T.53	2
9	对计划内的每一项活动做出预算	T.53	3
10	为选择的战略勾画“地图”	T.53	1

4.1.2 战略规划的制定与实施（ME1.2）

类型：最佳实践

服务：饮用水和/或公共卫生

标准化：根据实践加权

术语：董事会

定义：包含表 4-2 的内容

ME1.2 战略规划的制定与实施的良好实践列表　　表 4-2

序号	实践	可靠性	权重
1	战略规划是由企业员工（至少是第三级管理层的员工）通过正式的参与过程而制定的	T.54	2
2	战略规划需每年审核	T.55	1
3	战略规划的审核包括评估规划已经实现的程度，分析服务环境（自然、社会、政策、经济、法规）以掌握与规划制定时相比条件可能发生的变化，并分析这些变化可能对战略规划带来的影响，决定相应的调整	T.55	1
4	战略规划需经董事会正式批准通过	T.27	1
5	由战略规划衍生的运行计划适用于所有职能、部门和单位	T.56	3
6	明确指出为实现战略规划而开展的特定项目，并阐明项目目标、期限、支出、人员及相关负责人	T.56	1
7	制定战略规划实施的监测计划，特别要明确职责划分	T.57	2
8	对企业内所有级别的员工传达战略规划的内容，使员工了解企业未来目标、需遵守的规章、他们为实现目标应做出的具体贡献、所在部门负责的活动	T.57	3
9	为了更好地评估战略规划的完成程度，制定相应的衡量方法、机制和标准	T.56	1

4.2 管理控制（ME2）

“管理控制系统”是监测企业绩效的重要方法之一，可以以此为依据为实现目标及时采取行动。

此项的目的是为了评估企业是否已有一套可用于测量、评估和监测战略规划或其他涉及公司绩效机制的系统。

评估通过衡量以下的良好实践来实现：系统的完整性、评估的系统性、所设定的目标完成程度。

实践：

ME2.1“管理控制系统”。

4.2.1 “管理控制系统”（ME2.1）

类型：最佳实践

服务：饮用水和/或公共卫生

标准化：根据实践加权

术语：董事会，管理控制系统

定义：包含表4-3的内容

ME2.1“管理控制系统”的良好实践列表　　表4-3

序号	实践	可靠性	权重
1	制定年度预算表并按其分配、控制企业各类资源的使用。每月对预算进行监审	T.58	3
2	每季度出具企业管理报告，内容包括服务可达性、服务质量、管理效率、环境可持续性、财务可持续性的相应监审指标	T.58	1
3	“管理控制系统”设立了服务可达性、服务质量、管理效率、环境可持续性、财务可持续性的相应指标目标值，以更好地进行日常监审和目标完成度评估	T.3	2
4	“管理控制系统”包括日常监审和企业战略规划中制定的目标的完成度评估。系统覆盖了所有级别的部门以确保目标的实现	T.3	3
5	“管理控制系统”中的指标必须是可测的、有关的（相关的、具体的）、可验证的且数目合理（不超过20个）	T.59	1
6	实现“管理控制系统”监测80%或以上的年度目标（在各年度开始前如果已实现正式确定价值的95%～120%，则可视为目标已实现）	T.60	2
7	高级管理层应对管理进度和结果进行月度监审，企业董事会至少每季度对管理进度和结果进行监审	T.61	3

4.3 组织结构（ME3）

组织结构（即实现企业目标的各项任务的划分和安排形式）是影响企业管理效率的要素之一。

尽管一个单独的或理想的组织结构并不存在，但仍有必要对良好实践中的一些特定要素进行评估，如最新的组织结构图、组织的用户焦点，与饮用水或污水服务相关的基本职能，清晰的职位职责、权利和职位描述。

实践：

ME3.1 组织结构。

4.3.1 组织结构（ME3.1）

类型：最佳实践

服务：饮用水和/或公共卫生

标准化：根据实践加权

术语：董事会

定义：包含表 4-4 的内容

ME3.1 组织结构的良好实践列表 表 4-4

序号	实践	可靠性	权重
1	组织结构图能反映出现有组织结构（已应用的）下所有的职能、层级、区域和单位	T.62	1
2	现有的组织结构需要以手册的形式记录，明确不同单位的职能和各个职位的基本要求、职责、权利及职位描述	T.63	2
3	现有的组织结构需满足以下条件： （1）与法律条文和/或公司规章制度中所描述的任务和目的相一致（例如：组织结构图中的职能应能反映出法律文件中所列举的职能和目标）； （2）如果现有组织结构图根据计划做出了修改，组织结构中应记录战略规划中对组织结构图更改的内容	T.56	2
4	现有的组织结构是面向用户的（用户或客户支持或服务单元位于组织结构图的第二层或第三层，有权利为用户提供信息；接收、回答、解决客户的基本诉求和与这些服务相关的问题；管理和监测相关进程，如服务可用性、服务是否连接成功、账单等）和/或基于业务单元的（被分为不同的单元，以单元为单位，计算经济收入——收益-支出）	T.56	3
5	应考虑到饮用水和污水服务的所有基本职能：用户服务、运营（生产、配送、收集、处理）、投资项目的规划和管理以及财务、人力资源、管理控制、内审、信息技术和采购等职能	T.56	2
6	法律顾问的职责是针对法律合规性、可能对机构产生影响的法律法规方面的所有事项提供法律意见，使得用水权规范化，执行并跟进对企业产生影响的所有法律活动，根据要求起草、审查合同和协议	T.56	1
7	现存的组织结构需经董事会批准同意，一级管理的范围至少覆盖至第三级组织	T.27	1

4.4 人力资源管理（ME4）

员工是企业绩效和管理质量的基础和决定因素，因此人力资源管理在任何组织中都起着十分关键的作用。

与管理评估最相关的内容为招聘、测评、发展和维护人力资本以实现企业目标。

实践：

ME4.1 人力资源管理。

指标：

（1）ME4.2 所招聘员工的竞争力；
（2）ME4.3 员工培训；
（3）ME4.4 与“关键职位”和“职位描述”相符的员工。

4.4.1 人力资源管理（ME4.1）

类型：最佳实践
服务：饮用水和/或公共卫生
标准化：根据实践加权
术语：职位描述
定义：包含表 4-5 的内容

ME4.1 人力资源管理的良好实践列表 表 4-5

序号	实践	可靠性	权重
1	人力资源信息系统除了记录个人信息和薪酬外，还应包括员工的技能、职称、年龄、工作经验、工龄、所接受的培训及评估（员工绩效考核）	T.3	3
2	建立并使用员工绩效考核系统	T.2	2
3	根据企业的战略目标和员工的短板制定培训计划。培训计划需详细描述课程的种类、内容、时长、员工职位及培训领域	T.2	2
4	评估已开展的员工培训效果	T.4	1
5	制定并实施明确的基于工作绩效的薪酬激励政策	T.6	3
6	薪酬多少取决于职位的重要性，并参考市场薪资水平。可根据评估日期前 3 年的情况或通过对公共服务企业调查（不超过 3 年）确定薪资水平	T.6	2
7	每年的员工流动率（新进员工和离职员工在相关年的差额除以 2 占该年度月平均员工数的比例为员工流动率）应维持在 2%～6%之间，位于第一和第二级别的高级职员年流动率不应超过 20%。以上两种评估方法都只需考察评估日期前 3 年的员工流动率	T.64	1
8	一级和二级管理人员需受过 4 年的中学后教育，毕业后至少有 5 年的工作经验，拥有相应的资质和职位描述中的经验	T.65	3
9	调查员工的满意程度和/或评估工作环境及员工适应能力	T.4	1
10	至少每 3 年根据“职位描述”审核一次人员职级和组成，以确保企业目标和生产力的实现。所有这一切要记录在案	T.66	2
11	工作日是进行日常工作的时间。如果需要夜间或一日 24h 都工作，则应考虑轮班制。加班仅限于特殊事件发生时或需要在常规工作时间之外从事的活动。加班情况需遵从部门领导的事先安排	T.67	1
12	定期检查以避免职业危害和职业病，确保职业健康	T.67	2

4.4.2 所招聘员工的竞争力（ME4.2）

定义：所招聘的具有竞争力的员工数量占评估日前 3 个日历年内招聘的员工总数量的比例。如果本时段内没有进行招聘，可以使用上一年度的招聘数据进行计算。
类型：指标
服务：饮用水和/或公共卫生
术语：
公式：([EG4－V1]/[EG4－V2])×100

标准化函数如图 4-1 所示。

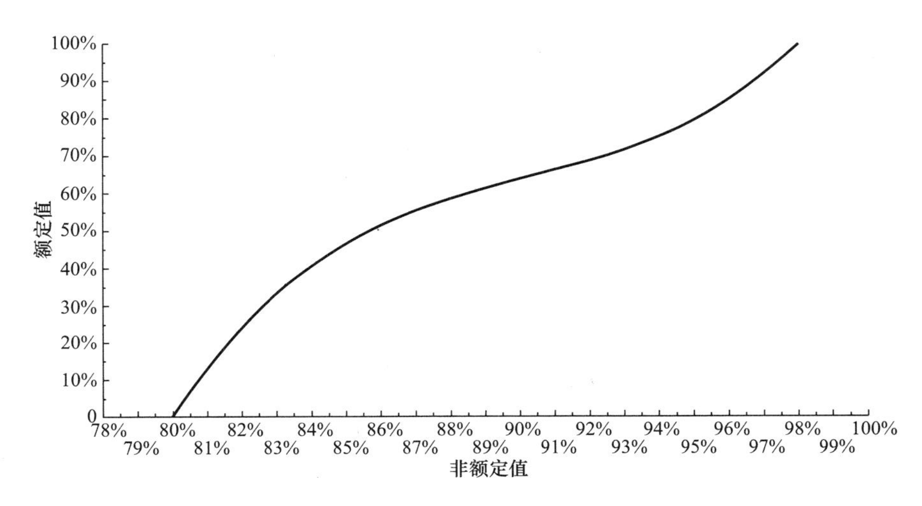

图 4-1　用于 ME4.2 的标准化函数

变量：

［EG4－V1］招聘的具有竞争力的员工数量。

定义：评估日前 3 个日历年内招聘到的具有竞争力的员工数量。如果本时段内没有进行招聘，可以使用上一年度的招聘数据进行计算。

单位：人

可靠性：表 68

［EG4－V2］招聘的总人数。

定义：评估日前 3 个日历年内招聘的员工总数量。如果本时段内没有进行招聘，可以使用上一年度的招聘数据进行计算。

单位：人

可靠性：表 69

4.4.3　员工培训（ME4.3）

定义：企业所有员工中接受培训的员工所占比例。

类型：指标

服务：饮用水和/或公共卫生

术语：自有员工，培训班

公式：(［EG4－V3］/［EG4－V4］)×100　单位：%

标准化函数如图 4-2 所示。

变量：

［EG4－V3］参加“培训班”的“自有员工”数量。

定义：评估日前一个日历年内参加“培训班”的“自有员工”数量。

单位：人

可靠性：表 70

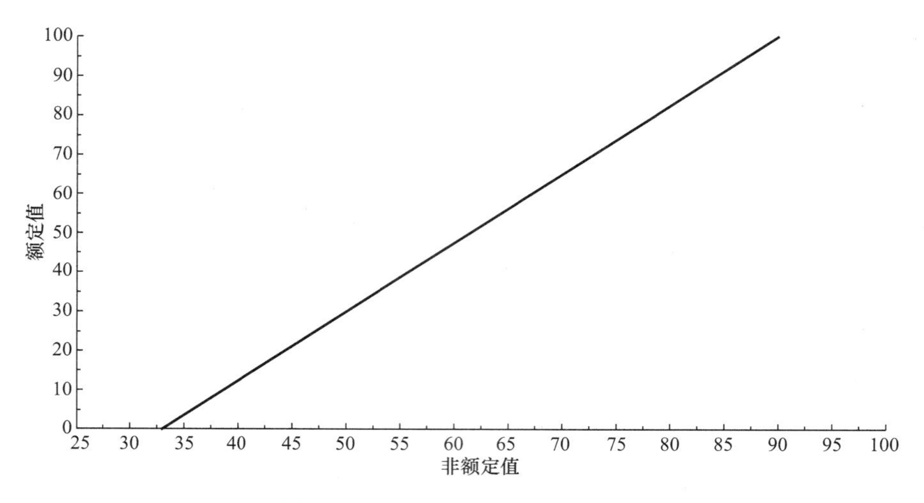

图 4-2　用于 ME4.3 的标准化函数

[EG4－V4] 员工总数。

定义：评估日前一个日历年内企业平均“自有员工”总数。

单位：人

可靠性：表 71

4.4.4　与“关键职位”和“职位描述”相符的员工（ME4.4）

定义：担任“关键职位”的员工中符合“职位描述”的人员所占比例。

类型：指标

服务：饮用水和/或公共卫生

术语：关键职位，职位描述

公式：([EG4－V5]/[EG4－V6])×100　单位：%

标准化函数如图 4-3 所示。

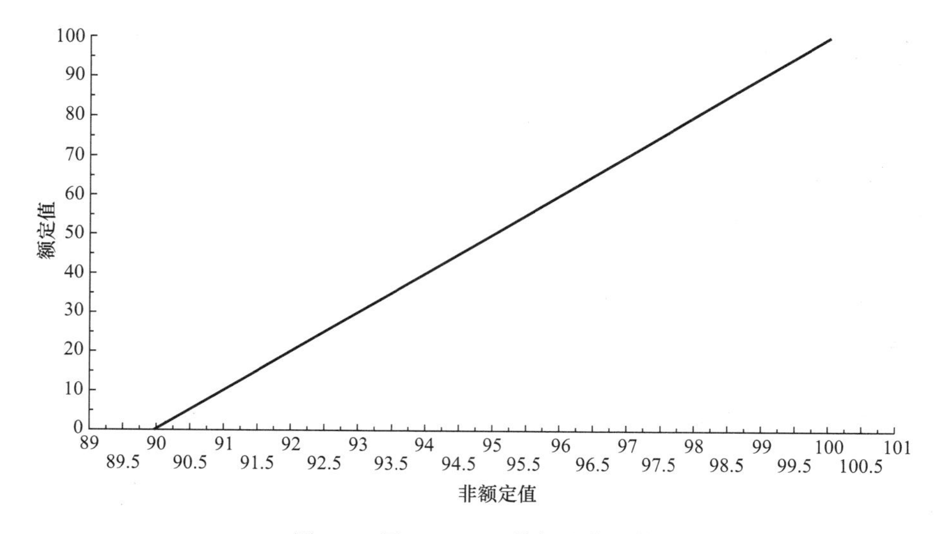

图 4-3　用于 ME4.4 的标准化函数

变量：

［EG4－V5］担任“关键职位”的员工中符合“职位描述”的员工数量。

定义：担任“关键职位”的员工中符合“职位描述”的员工数量。

单位：人

可靠性：表 72

［EG4－V6］担任“关键职位”的员工总数。

定义：担任“关键职位”的员工总数。

单位：人

可靠性：表 73

4.5 采购管理（ME5）

采购管理对于供水和污水服务本身及其基础设施的建设与维护有着重要的影响。

为实现企业目标而针对商品和服务采购进行评估，其评估主要包括招标采购效率、采购是否符合有效规章的要求、参与性与透明性。如下所示，采用一种实践方法和三个指标来评估企业的采购管理。

实践：

ME5.1 采购。

指标：

（1）ME5.2 通过“公开招标”进行采购；

（2）ME5.3“成功招标”；

（3）ME5.4 在规定的“最短时间”内开展招标。

4.5.1 采购（ME5.1）

类型：最佳实践

服务：饮用水和/或公共卫生

标准化：根据实践加权

术语：

定义：包含表 4-6 的内容

ME5.1 采购的良好实践列表 **表 4-6**

序号	实践	可靠性	权重
1	拥有正式的商品和服务采购策略和政策，内容需包含研究和著述	T.6	2
2	关于材料等级和备品备件的库存有明确规定，以避免缺货及因报废和老化产生的损失，要考虑相关的成本	T.6	2
3	根据市场选择，针对新商品、服务和可选供应源进行研究，对于评估日期前该年度内占运营采购总量 70%以上的商品和服务，至少每年研究一次。如果国内外市场上有不止一家供应商可以提供运营所需的商品和服务，则要考虑选择。如果某种商品或服务只有一家供应商，则应进行记录	T.4	1
4	根据公共事业管理规划，通过公开透明的在线计算机系统进行商品和服务的招标采购。有兴趣的供应商可以从该系统获得投标条件、工作大纲和各个采购环节的条件等信息	T.74	3

续表

序号	实践	可靠性	权重
5	所提议的评估程序必须是明确的、公开的、预先确定的，并需设定各项技术和经济指标的评分和权重	T. 6	2
6	招标公告上的相关要求（总额、期限、公开媒介）需与法律和内部规章（两者取其严）相一致	T. 5	3
7	直接采购频率较高的产品或服务需建立框架合同或协议	T. 6	1
8	供应商和承包商的定量和定性绩效需使用企业制定的指标进行评估。绩效评估、分类和更新每年至少进行一次	T. 4	1
9	外包服务或频繁采购的商品或服务的合同续签或终止需事先审查合同是否符合设立的条件	T. 4	1
10	评估内部用户对所采购的服务的满意程度	T. 4	1

4.5.2 通过“公开招标”进行采购（ME5.2）

定义：当前年度全部采购量中通过“公开招标”采购的比例，两个参数均以货币值表示。

类型：指标

服务：饮用水和/或公共卫生

术语：公开招标

公式：([EG5－V1]/[EG5－V2])×100　单位：%

标准化函数如图 4-4 所示。

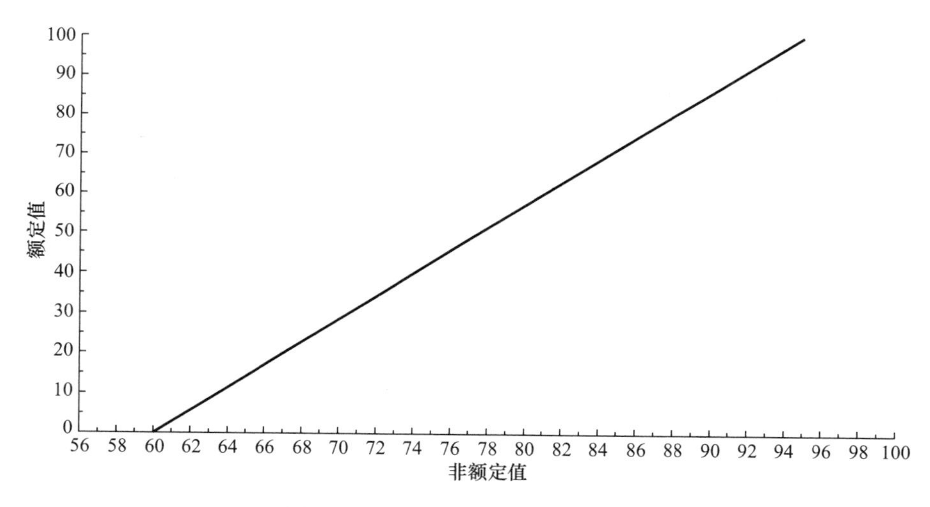

图 4-4　用于 ME5.2 的标准化函数

变量：

[EG5－V1] 通过“公开招标”采购的价值。

定义：在评估日本年或前一年度通过“公开招标”采购的商品或服务的价值，包括设计、可行性研究和工程。计算时仅使用评估日期前一年度的购买量而不是合同授予量。

单位：本地货币

可靠性：表 75

［EG5－V2］总采购价值。

定义：在评估日本年或前一年度采购的商品或服务的总价值，包括设计、可行性研究和工程，但不包括因只存在一家供应商而未开展“公开招标”的部分（需要提供文档证明符合此条件）。

单位：本地货币

可靠性：表 76

4.5.3 “成功招标”（ME5.3）

定义：评估日前 3 个日历年内“成功公开”招标占总“公开”招标的比例。如果该时期内没有发布公开招标，可以使用上一年度的数据进行计算。

类型：指标

服务：饮用水和/或公共卫生

术语：公开招标，成功招标

公式：（［EG5－V3］/［EG5－V4］）×100　单位：%

标准化函数如图 4-5 所示。

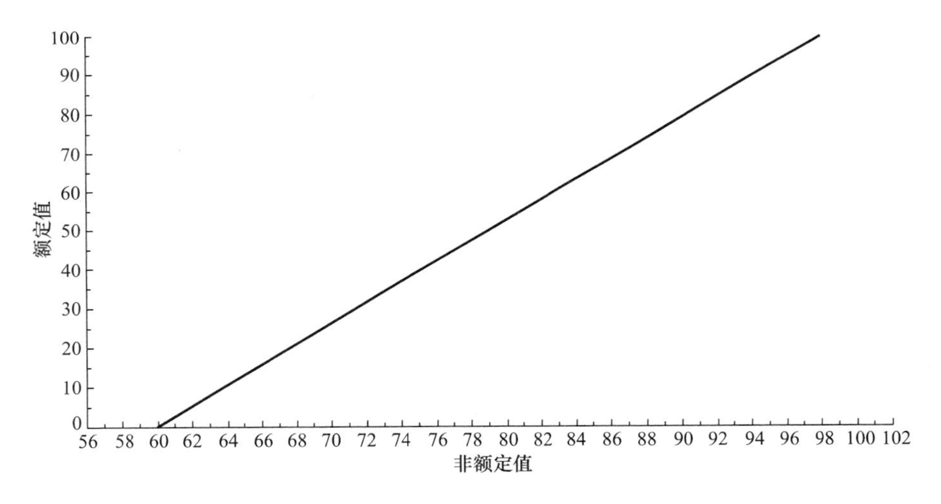

图 4-5　用于 ME5.3 的标准化函数

变量：

［EG5－V3］收到 3 个或更多报价的“公开招标”数量。

定义：评估日前 3 个日历年内收到 3 个或更多报价的“公开招标”数量。如果该时期内没有发布公开招标，可以使用上一年度的数据进行计算。

单位：个

可靠性：表 77

［EG5－V4］发布的“公开”招标总量。

定义：评估日前 3 个日历年内发布的“公开”招标总量。如果该时期内没有发布公开招标，可以使用上一年度的数据进行计算。

单位：个

可靠性：表 78

4.5.4 在规定的“最短时间”内开展招标（ME5.4）

定义：评估日前 3 个完整的日历年内的招标总量中，在规定的“最短时间”或超时不大于 5%的期限内完成招标和授标的比例。

类型：指标

服务：饮用水和/或公共卫生

术语：最短招标期

公式：([EG5－V5]/[EG5－V6])×100　单位：%

标准化函数如图 4-6 所示。

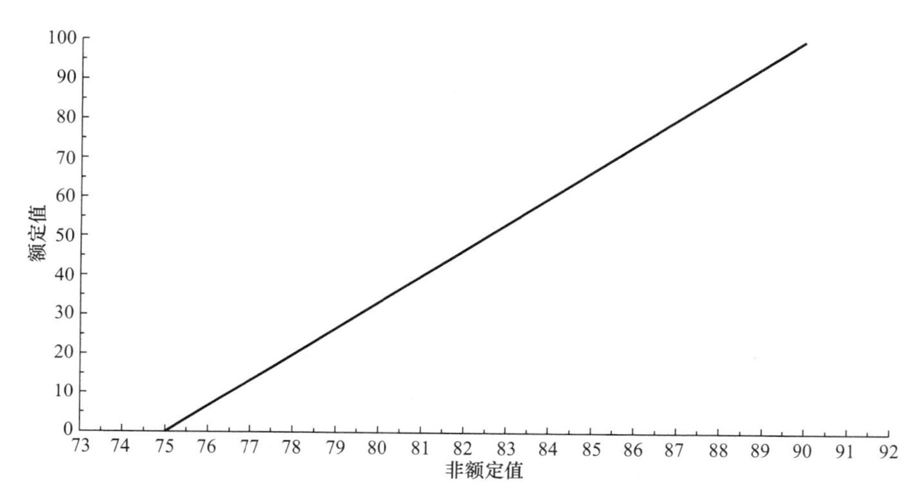

图 4-6　用于 ME5.4 的标准化函数

变量：

[EG5－V5] 授标数量。

定义：评估日前 3 个完整的日历年内，在规定的“最短招标期”或超时不大于 5%的期限内完成授标的数量。

单位：个

可靠性：表 79

[EG5－V6] 招标总量。

定义：评估日前 3 个完整的日历年内的招标总量。

单位：个

可靠性：表 80

4.6 员工和后勤资源效率（ME6）

企业管理效率的评估标准包括员工生产力和后勤资源支出占收入的比重。

指标：

（1）ME6.1 员工生产力；

（2）ME6.2 管理和销售支出。

4.6.1 员工生产力（ME6.1）

定义：“自有员工”总数与“有效饮用水和污水连接点”总数的比值。计算时使用评估日前一个完整的日历年内的平均数值。

类型：指标

服务：饮用水和/或公共卫生

术语：自有员工，有效连接点

公式：[EG4－V4]/([EG6－V2]/1000)　单位：—

标准化函数如图 4-7 所示。

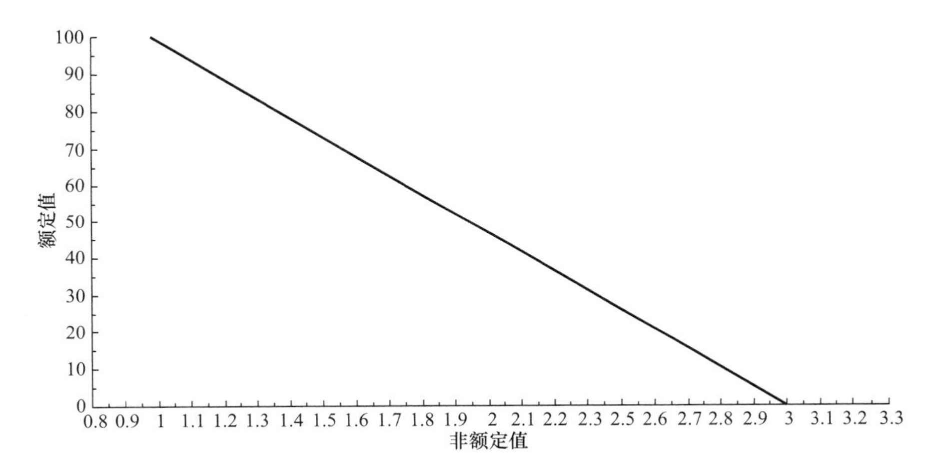

图 4-7　用于 ME6.1 的标准化函数

变量：

[EG4－V4] 员工总数。

定义：评估日前一个完整的日历年内平均“自有员工”总数。

单位：人

可靠性：表 71

[EG6－V2]“有效”饮用水和污水连接点数。

定义：“有效”饮用水和污水连接点数（评估日前一个完整的日历年内的平均值）。

单位：个

可靠性：表 81

4.6.2 管理和销售支出（ME6.2）

定义：管理和销售支出占饮用水和污水服务所得收入的比例。计算时使用最近 3 个完整的日历年内的平均值。

类型：指标

服务：饮用水和/或公共卫生

术语：

公式：([EG6－V3]/[SF3－V12])×100　单位：%

标准化函数如图 4-8 所示。

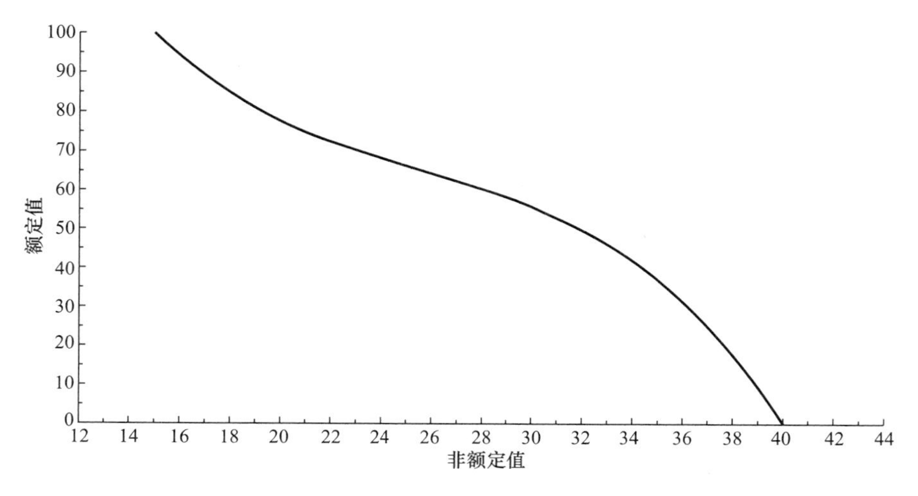

图 4-8　标准化函数图

变量：

[EG6－V3] 不直接与经营服务相关的活动的支出。

定义：不直接与经营服务相关的活动的支出，如高级管理、策划、法律顾问、会计、融资、人力资源、信息技术、采购、客服、开票和收费。该类支出包括与此类活动相关的员工收益、材料、服务、折旧和摊销以及活动中产生的其他费用。

单位：财务报表使用的货币

可靠性：表 82

[SF3－V12] 经营服务收益。

定义：计入阶段损益表的经营服务或销售收入，且要与当期内计入应收账款的收入一致。

单位：财务报表使用的货币

可靠性：表 88

备注：若待评估企业的财务报表范围不符合评估范围，可使用修正的可靠性表。详见表 1088。

5 财务可持续性（FS）

本类评估的目的是根据服务部门的现金流，评估企业维持业务连续的融资能力。重点强调包括资本收益率在内的长期总成本，不依赖于国家支付的概念。

该评估类别包括由实践和指标组成的3个子类（整体财务可持续性、财务管理和客户管理）。3个子类的评估能够全面地反映企业的财务可持续能力，第一个子类评估了服务所获收益覆盖运营及财务费用的程度；第二个子类评估了交付服务所必须承担的债务和财务风险的能力；第三个子类评估了服务相关的账单和收款管理的能力。

除特殊说明的情况外，各指标的评估均基于评估日之前3个年度的平均值。根据指标类型的不同，评估数据来自财务报表或客户信息系统。实践评估使用的是当前评估日或最近日期的有效且合适的数据信息。

评估包含如下子类：

（1）FS1 整体财务可持续性；

（2）FS2 财务管理；

（3）FS3 客户管理。

5.1 整体财务可持续性（FS1）

该子类的目的是评估经营所获收益持续覆盖总成本的程度，以此来确保财务的可持续性。分析的程度范围十分广泛，从收益不足以覆盖已支出的运营成本到支付酬劳后的盈余转变成资本（股本回报率）。除此之外，实践评估涉及了服务价格以及财务报表、财务预测和成本信息中对监管财务的可持续性会产生影响的基础信息。

实践：

（1）FS1.1 财务可持续性；

（2）FS1.2 费用范围。

指标：

FS1.3 “股本回报率”。

5.1.1 财务可持续性（FS1.1）

类型：最佳实践

服务：饮用水和/或公共卫生

标准化：根据实践加权

术语：系统，总长期成本，合理的资金成本，单位活动成本，服务阶段

定义：包含表5-1的内容

FS1.1 财务可持续性的良好实践列表　　表 5-1

序号	实践	可靠性	权重
1	水价的计算要考虑支付不少于15年交付服务的"总长期成本"。这样的价格是通过对评估日期前5年数据的研究所确定的，并要考虑"足够的资本成本率"	T.83	10
2	具有自动价格指数化机制并且在应用（当国家过去3年中的年相对通货膨胀率不超过3%时，该实践与最大可靠性水平相符）	T.84	5
3	对于不同的服务类型（饮用水供给、污水收集、污水处理）、"系统"、地理区域或服务领域，资费结构会有所不同（当企业仅使用一种"系统"并只提供一种服务时，该实践符合最大可靠性水平）	T.85	2
4	在确认服务拥有补贴和/或连接到饮用水和/或污水管网的条件下，不论是外部补贴还是内部补贴（交叉补贴），都应明确资金来源且保证其稳定、充足（如果AS1.1.4和AS1.1.5两种实践不适用，或者实践AS1.1.4不适用，而实践AS1.1.5因满足规定的服务覆盖标准被视为适用，则该实践被视为符合最大可靠性水平）	T.6	3
5	需制作完整的年度财务报表，且要符合国际会计准则（IFRS）的相关要求，并由外部审计师进行审计。审计报告需在第二年前3个月内出具	T.86	2
6	制作月度财务报表，且要符合国际会计准则（IFRS）或本地适用的会计标准	T.86	3
7	需制定最新的至少未来5年的财务计划，包括资产负债表、损益表和现金流量表	T.87	2
8	企业配备有成本系统，通过成本中心传递信息。成本信息根据"服务阶段"（饮用水生产、饮用水配送、污水收集、污水处理和排放）和"活动"进行分类	T.3	1
9	财务系统需出具根据部门/区域和服务类型分类的报告，以反映企业收益、支出和收入情况	T.3	2

5.1.2 费用范围（FS1.2）

该项用于评估饮用水和/或污水服务所得的收益根据服务评级是否足以覆盖企业的"运营"和"财务"费用。表5-2中考虑了四级费用范围，按升序排列。所有符合标准的成本范围等级都必须注明。因此如果高一级的符合标准，则所有低于它的等级也必须注明（四级之间不是互相排斥的）。四级划分如下：

类型：最佳实践

服务：饮用水和/或公共卫生

标准化：根据实践加权

术语：运营费用，财务费用

定义：饮用水和/或污水服务所得的收益根据服务评级能够覆盖企业在评估期间的"运营"和"财务"费用的程度。

备注：若待评估企业的财务报表范围不符合评估范围，可使用修正的可靠性表。详见表1088。

FS1.2 费用范围的良好实践列表　　表 5-2

序号	实践	可靠性	权重
1	饮用水和/或污水服务所得的收益足以覆盖"运营费用"，但不包括折旧和摊销	T.88	3
2	饮用水和/或污水服务所得的收益足以覆盖"运营费用"，但不包括折旧和摊销，但包括"财务费用"	T.88	2
3	饮用水和/或污水服务所得的收益足以覆盖"运营费用"，包括折旧和摊销，但不包括"财务费用"	T.88	3

续表

序号	实践	可靠性	权重
4	饮用水和/或污水服务所得的收益足以覆盖“运营费用”，包括折旧和摊销，也包括“财务费用”	T. 88	2

5.1.3 “股本回报率”（FS1.3）

定义：测量“业主”在评估期间投入的资源产生的回报。

类型：指标

服务：饮用水和/或公共卫生

术语：所有者（业主），股本收益率

公式：(([SF1－V1]/[SF1－V2]－[SF1－V3])/(1＋[SF1－V3]))×100　单位：%

标准化函数如图 5-1 所示。

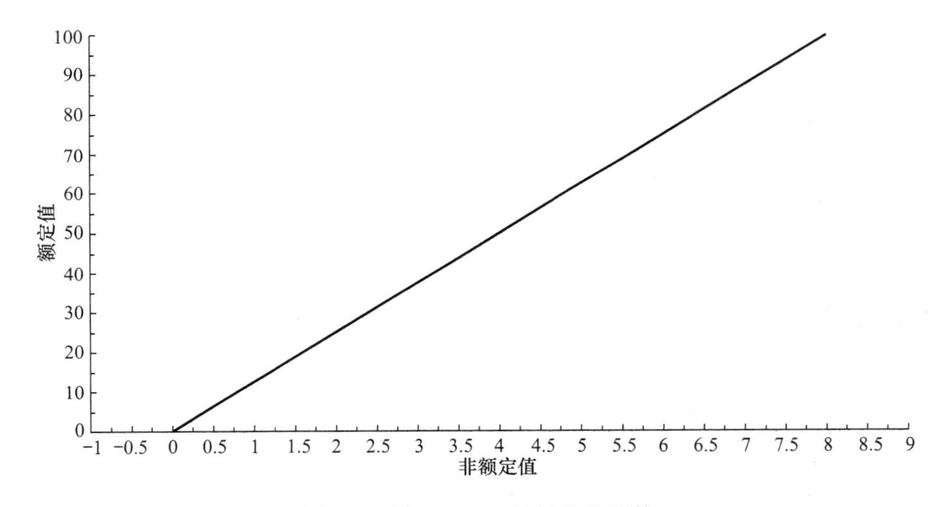

图 5-1　用于 FS1.3 的标准化函数

变量：

[SF1－V1] 财务周期内的收入。

定义：财务周期内的税后净收入。

单位：财务报表使用的货币

可靠性：表 88

备注：若待评估企业的财务报表范围不符合评估范围，可使用修正的可靠性表。详见表 1088。

[SF1－V2] 初始股本。

定义：在上一个财务周期末，资产负债表或财务报表中由“业主”投入的计入实收资本的金额。

单位：财务报表使用的货币

可靠性：表 88

备注：若待评估企业的财务报表范围不符合评估范围，可使用修正的可靠性表。详见

表 1088。

[SF1－V3] 内部价格年变动率。

定义：内部价格年变动率。

单位：部分单位

可靠性：表 56

5.2 财务管理（FS2）

本节的目的是评估企业资金的流动性和财务清偿能力，例如融资能力、偿还短期和长期债务的能力、规避财务风险的能力等。此外，由于内控系统会对财务资源管理产生影响，因此需对改进提高内控系统的相关机制进行评估。

实践：

FS2.1 融资、风险规避和内控。

指标：

（1）FS2.2 流动比率；

（2）FS2.3 负债股本比；

（3）FS2.4 确认的现金流；

（4）FS2.5 货币风险；

（5）FS2.6 利率风险。

5.2.1 融资、风险规避和内控（FS2.1）

类型：最佳实践

服务：饮用水和/或公共卫生

标准化：根据实践加权

术语：公共债务工具，生效（投资计划生效）

定义：包含表 5-3 的内容

FS2.1 融资、风险规避和内控的良好实践列表 **表 5-3**

序号	实践	可靠性	权重
1	对于"流动"投资项目至少 50%的外部融资来源于独立机构（多边银行、国际合作机构、国有或私有金融机构）和/或采用"公共债务工具"	T.89	1
2	对于"流动"投资项目至少 50%的外部融资来源于私有金融机构或采用"公共债务工具"	T.89	1
3	具有基于财务风险分析的财务风险管理政策，且利用对冲工具以减小利率风险和外币风险（如果在评估日期前的 2 年中，被评估企业的金融负债未被计入财务报表，则该项实践与最大可靠性相符）	T.2	1
4	内审部门应根据内控风险分析准备年度方案	T.2	1
5	具有经过正式批准的内部审核操作手册或条例	T.90	1
6	内审部门应根据审核结果出具报告，并持续跟进确认是否已解决相关问题。若没有解决，需给出合理的解释	T.4	2
7	外部审计员或外部财务控制的负责企业，应每年检查企业的内审系统并确认内审报告内列举的问题是否已经解决。若未解决，需要有正当的理由	T.4	2

5.2.2 流动比率（FS2.2）

定义：财务周期结束时，对1年内到期的短期债务的清偿能力。用偿还次数表示，选取过去3个完整日历年的数据的平均值。

类型：指标

服务：饮用水和/或公共卫生

术语：

公式：[SF2－V1]/[SF2－V2]　单位：次

标准化函数如图5-2所示。

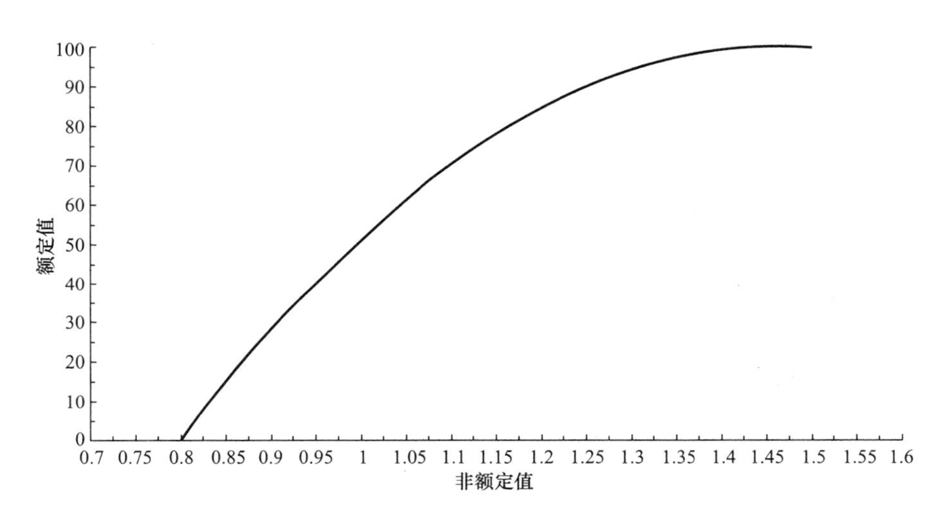

图5-2　用于FS2.2的标准化函数

变量：

[SF2－V1] 流动资产。

定义：资产负债表或财务报表中记为流动资产的金额。流动资产由财务周期截止日内的现金和现金等价物组成，包括未来12个月内即将使用的商品/权限或可变现的部分。

单位：财务报表使用的货币

可靠性：表88

备注：若待评估企业的财务报表范围不符合评估范围，可使用修正的可靠性表。详见表1088。

[SF2－V2] 流动负债。

定义：资产负债表或财务报表中计入流动负债的金额。流动负债是在财务周期截止日期后的12个月内到期的对第三方的承诺和应偿还的债务。

单位：财务报表使用的货币

可靠性：表88

备注：若待评估企业的财务报表范围不符合评估范围，可使用修正的可靠性表。详见表1088。

5.2.3 负债股本比（FS2.3）

定义：通过计算短期或长期负债与股本的比例以测量企业的金融结构，也称之为“杠杆”。该指标用偿还次数表示，选取过去 3 个完整日历年的数据的平均值。

类型：指标

服务：饮用水和/或公共卫生

术语：

公式：[SF2－V5]/[SF2－V4]　单位：次

标准化函数如图 5-3 所示。

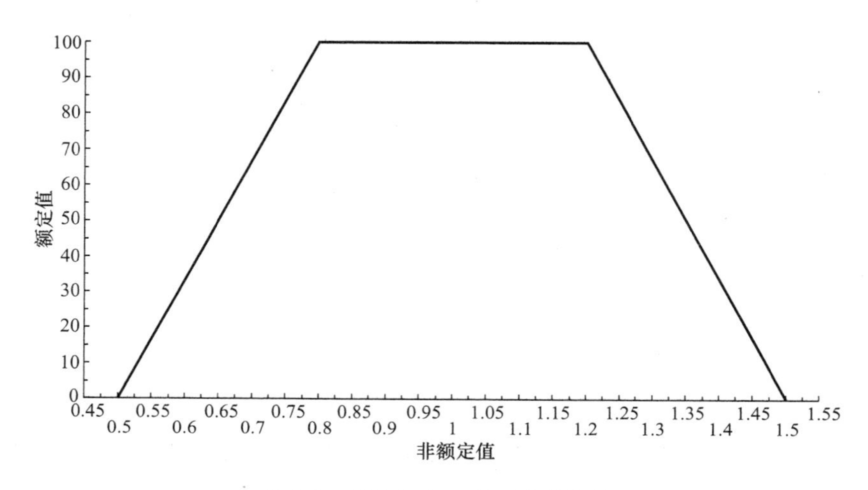

图 5-3　用于 FS2.3 的标准化函数

变量：

[SF2－V4] 资本净值。

定义：财务周期结束时，计入资产负债表或财务报表的金额。

单位：财务报表使用的货币

可靠性：表 88

备注：若待评估企业的财务报表范围不符合评估范围，可使用修正的可靠性表。详见表 1088。

[SF2－V5] 总负债。

定义：资产负债表或财务报表中流动负债和非流动负债的总和，即在财务周期结束时，到期应偿还给第三方的所有债务。

单位：财务报表使用的货币

可靠性：表 88

备注：若待评估企业的财务报表范围不符合评估范围，可使用修正的可靠性表。详见表 1088。

5.2.4 确认的现金流（FS2.4）

定义：测量由总负债代表现金流的年数。选取过去 3 个完整日历年的数据的平均值。

类型：指标

服务：饮用水和/或公共卫生

术语：

公式：[SF2－V5]/[SF2－V3]　单位：年

标准化函数如图 5-4 所示。

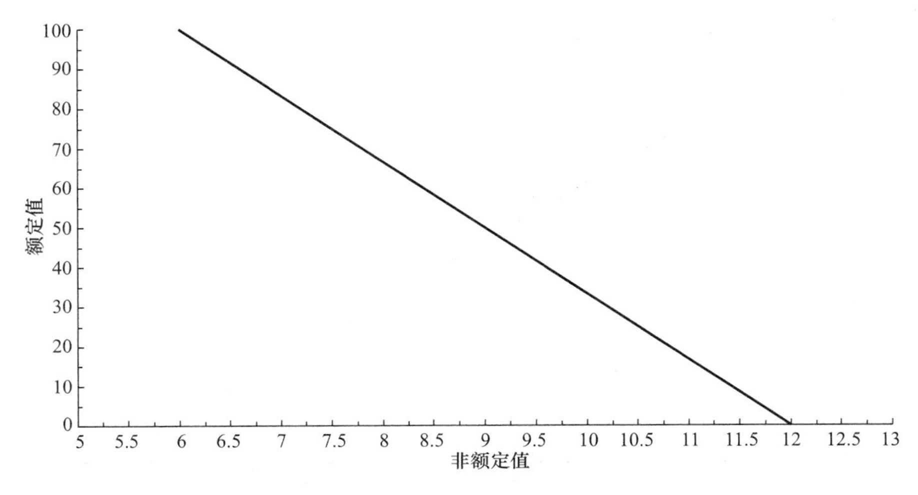

图 5-4　用于 FS2.4 的标准化函数

变量：

[SF2－V3] EBITDA

定义：表示经营所得现金流的近似值。EBITDA 由该财务周期的损益表计算得出，有两种计算方法，不同点在于如何在报表中展示：(1) 如果数据按性质分类，EBITDA＝常规活动或经营收益－原材料、消耗品、员工工资福利和其他成本；(2) 如果数据按功能分类，EBITDA＝息税前收入＋折旧和摊销（EBIT）。

单位：财务报表使用的货币

可靠性：表 88

备注：若待评估企业的财务报表范围不符合评估范围，可使用修正的可靠性表。详见表 1088。

[SF2－V5] 总负债。

定义：资产负债表或财务报表中流动负债和非流动负债的总和，即在财务周期结束时，到期应偿还给第三方的所有债务。

单位：财务报表使用的货币

可靠性：表 88

备注：若待评估企业的财务报表范围不符合评估范围，可使用修正的可靠性表。详见表 1088。

5.2.5　货币风险（FS2.5）

定义：在不考虑对冲的条件下，计算总负债中的挂钩货币或异于收益币种的货币的负债比例。选取过去3个完整日历年的数据的平均值。

类型：指标

服务：饮用水和/或公共卫生

术语：

公式：([SF2－V8]/[SF2－V5])×100　单位：%

标准化函数如图5-5所示。

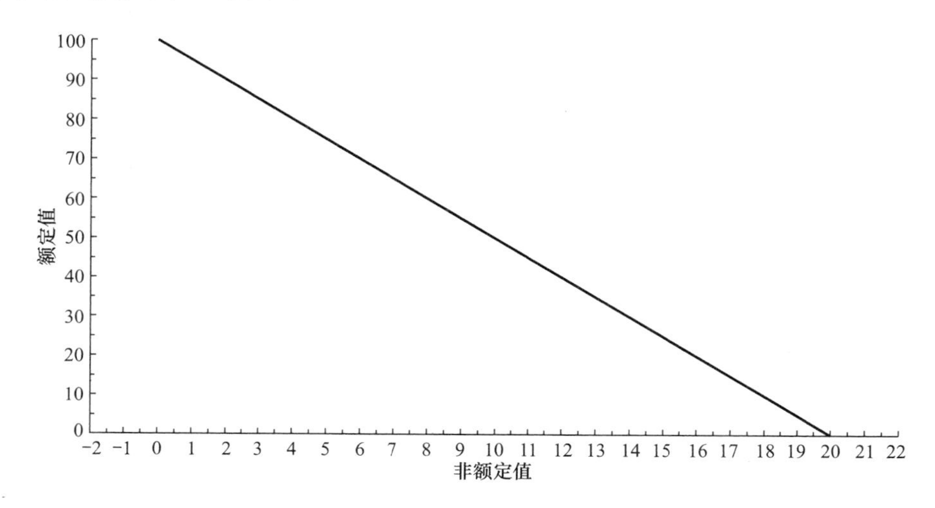

图5-5　用于FS2.5的标准化函数

变量：

[SF2－V5] 总负债。

定义：资产负债表或财务报表中流动负债和非流动负债的总和，即在财务周期结束时，到期应偿还给第三方的所有债务。

单位：财务报表使用的货币

可靠性：表88

备注：若待评估企业的财务报表范围不符合评估范围，可使用修正的可靠性表。详见表1088。

[SF2－V8] 在不考虑对冲的条件下，外币或挂钩货币的负债。

定义：在财务周期结账日，贴现对冲的金额，即挂钩货币或异于收益币种的货币的负债数量。

单位：财务报表使用的货币

可靠性：表88

备注：若待评估企业的财务报表范围不符合评估范围，可使用修正的可靠性表。详见表1088。

5.2.6　利率风险（FS2.6）

定义：在不考虑对冲的条件下，财务负债中利率可变的负债所占比例。选取过去3个完整日历年的数据的平均值。

类型：指标
服务：饮用水和/或公共卫生
术语：
公式：([SF2－V9]/[SF2－V10])×100　单位：%
标准化函数如图 5-6 所示。

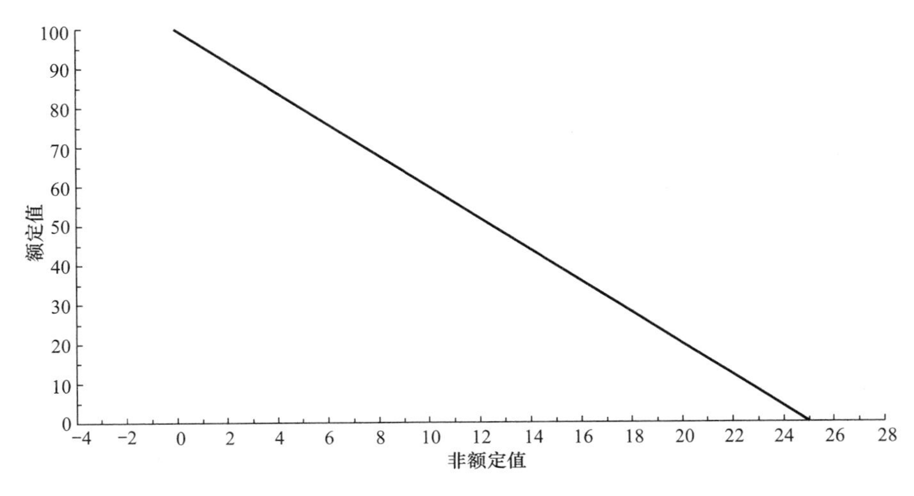

图 5-6　用于 FS2.6 的标准化函数

变量：
[SF2－V10] 财务负债。
定义：在财务周期结账日，资产负债表或财务报表的流动负债和非流动负债中短期和长期负债金额。
单位：财务报表使用的货币
可靠性：表 88
备注：若待评估企业的财务报表范围不符合评估范围，可使用修正的可靠性表。详见表 1088。
[SF2－V9] 在不考虑对冲的条件下，利率可变的负债。
定义：在财务周期结账日，贴现对冲，利率可变的负债的金额。
单位：财务报表使用的货币
可靠性：表 88
备注：若待评估企业的财务报表范围不符合评估范围，可使用修正的可靠性表。详见表 1088。

5.3 客户管理（FS3）

合理的收益管理对饮用水和污水企业的财务可持续性尤为重要，本节的标准用于评估与开票、收款和这些服务的年收益回收相关的管理和实践。
实践：

FS3.1 开票和收款。

指标：

（1）FS3.2 开票效力；

（2）FS3.3 开票错误率；

（3）FS3.4 未收费用水；

（4）FS3.5 收款率；

（5）FS3.6 平均收款期；

（6）FS3.7 欠款。

5.3.1 开票和收款（FS3.1）

类型：最佳实践

服务：饮用水和/或公共卫生

标准化：根据实践加权

术语：资产

定义：包含表 5-4 的内容

FS3.1 开票和收款的良好实践列表　　表 5-4

序号	实践	可靠性	权重
1	至少 99%的客户账单是根据水量计量（水表读数）所得的	T.93	3
2	在服务协议建立或切断连接的 10d 内完成用户注册和分类更新	T.94	1
3	用户注册信息应包括客户类型、服务状态（有效/无效）、水表、“资产”和其他开票必需的信息	T.33	1
4	使用与开票系统连接（磁感应）的数据扫描仪或远程读表技术	T.95	2
5	系统地监控每个地区或部门的读表器和出票的质量	T.95	2
6	每个月或每两个月发一次账单。如果账单间隔时间更长，也按相同的频率进行收款	T.93	1
7	账单应该标明用于计算金额的所有数据，至少包括：应付金额和截止日期（突出强调），读表日期和水表读数（当前和先前），用水量，应支付费用的用水量，每种服务的收费表和其他收费或应用的调整	T.96	1
8	制定正式的收款程序。在法律允许的范围内，对欠款的用户进行强制收取	T.93	2
9	制定政策以检测和规范不同种类的欺诈行为（计量器校准、非法连接、检测关于使用类型的虚假信息或其他影响收费的变量）。若由用户造成的损失预计超过未收费用水量的 10%，需要进行系统操作以检测是否存在非法连接。若由用户造成的损失无法预计，则假设超过未收费用水量的 10%	T.97	2

5.3.2 开票效力（FS3.2）

定义：全部“有效用户”中已开票的用户所占比例，选取评估日前一年度的平均比率。

类型：指标

服务：饮用水和/或公共卫生

术语：注册用户，有效用户，零值账单

公式：([SF3－V1]/[SF3－V2])×100　单位：%

标准化函数如图 5-7 所示。

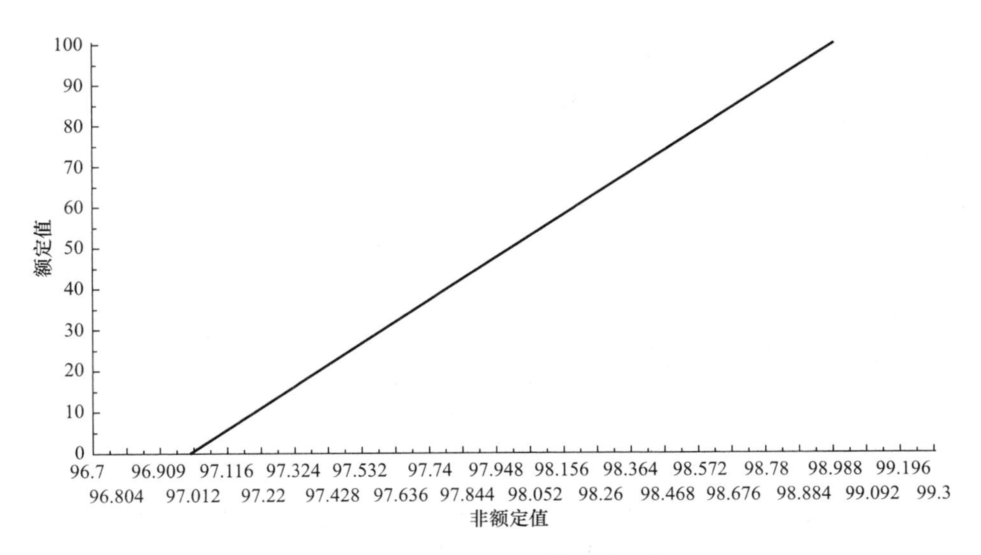

图 5-7 用于 FS3.2 的标准化函数

变量：

[SF3－V1] 已开票的用户数量，不包括接收“零值账单”的用户。

定义：已开票的用户数量，不包括接收“零值账单”的用户。选取评估日前一年度的平均值（每个结算期已开票的用户数量之和（不包括零值账单）/结算期个数）。

单位：人

可靠性：表 98

[SF3－V2]“有效用户”总数。

定义：购买饮用水和/或污水服务并实际享受了服务的“注册用户”，选取评估日前一年度的平均值（每个结算期内有效用户数量之和/结算期个数）。

单位：人

可靠性：表 98

5.3.3 开票错误率（FS3.3）

定义：通过内部监控或客户“投诉”渠道获知后，进行重开或修改过的账单数量占全部账单的比例。选取评估日前一年度的平均比例。

类型：指标

服务：饮用水和/或公共卫生

术语：投诉

公式：([SF3－V3]/[SF3－V4])×100　单位：%

标准化函数如图 5-8 所示。

变量：

[SF3－V3] 重开或修改过的账单数量。

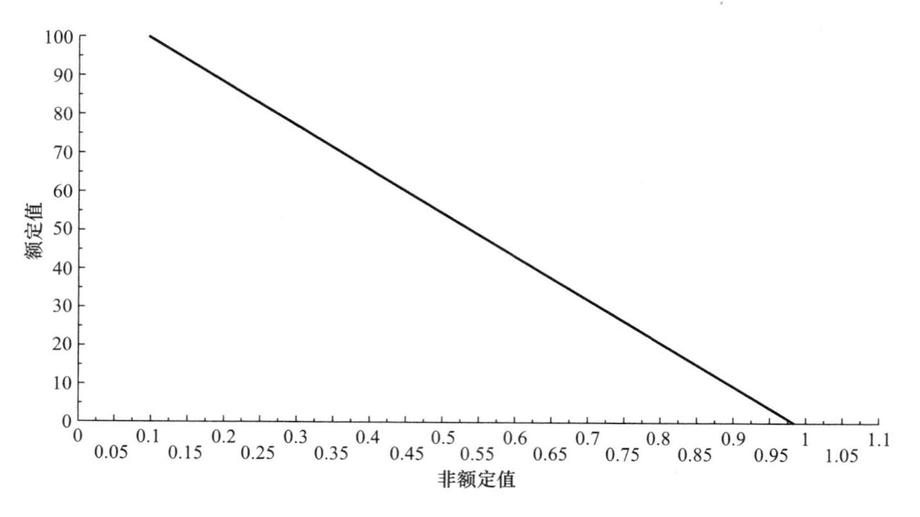

图 5-8 用于 FS3.3 的标准化函数

定义：通过内部监控或客户“投诉”渠道获知后，进行重开或修改过的账单数量。选取评估日前一年度的平均值（每个结算期内重开或修改过的账单数量之和/结算期个数）。

单位：张

可靠性：表 98

[SF3－V4] 开具账单总数。

定义：开具账单总数，选取评估日前一年度的平均值（每个结算期内开具账单数量之和/结算期个数）。

单位：张

可靠性：表 98

5.3.4 未收费用水（FS3.4）

定义：评估期内纳入“系统”但未收费的用水比例。

类型：指标

服务：饮用水和/或公共卫生

术语：系统，纳入系统的水量

公式：如果连接密度＜20

(([EO1－V2]－[SF3－V11])/[EO1－V2])×100 单位：%

如果连接密度≥20

(([EO1－V2]－[SF3－V11])/[EO1－V2])×100 单位：%

标准化函数如图 5-9、图 5-10 所示。

变量：

[EO1-V2] “纳入系统的总水量”。

定义：“纳入系统的总水量”。

单位：m^3

可靠性：表 41

[SF3-V11] 计费的水量。

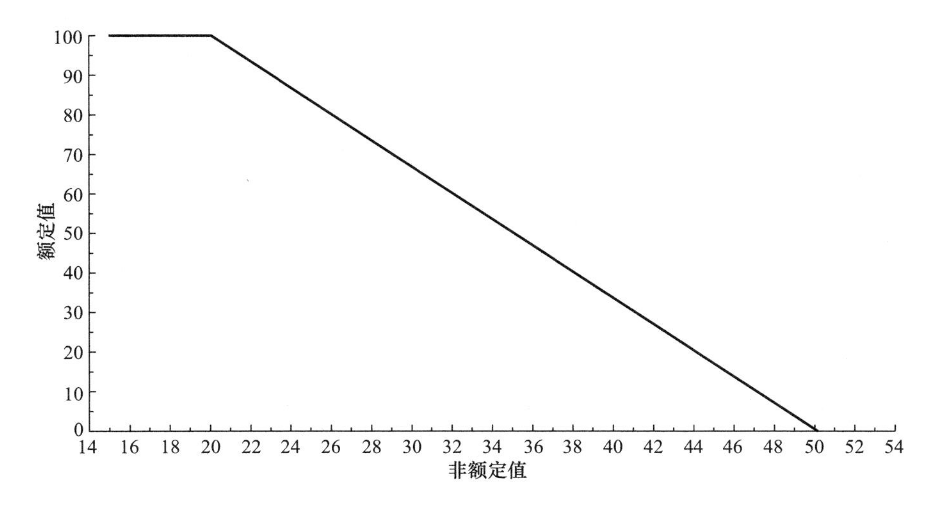

图 5-9 用于 FS3.4 的标准化函数（如果连接密度<20）

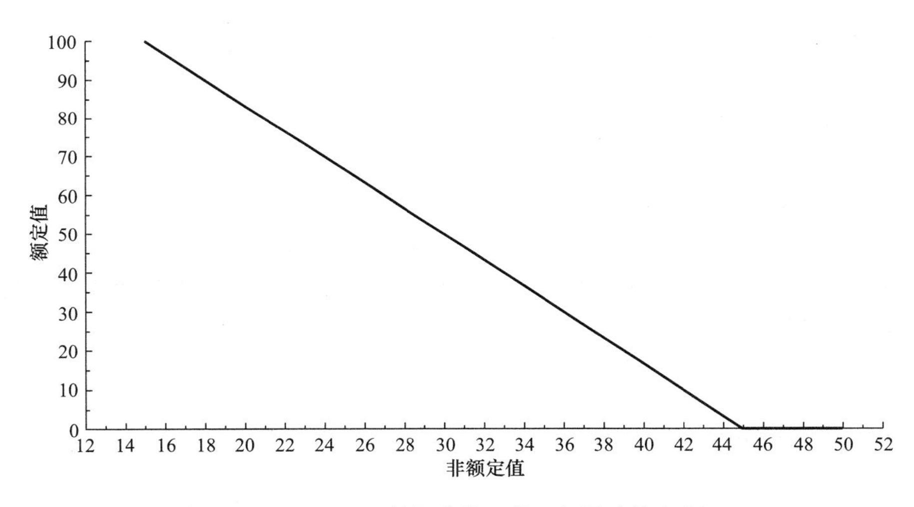

图 5-10 用于 FS3.4 的标准化函数（如果连接密度≥20）

定义：根据计费系统的记录，评估期内全部计费的水量。

单位：m^3

可靠性：表 98

5.3.5 收款率（FS3.5）

定义：评估期内，实收账款占所提供服务的应收账款的比例。

类型：指标

服务：饮用水和/或公共卫生

术语：

公式：([SF3-V5]/[SF3-V6])×100 单位：%

标准化函数如图 5-11 所示。

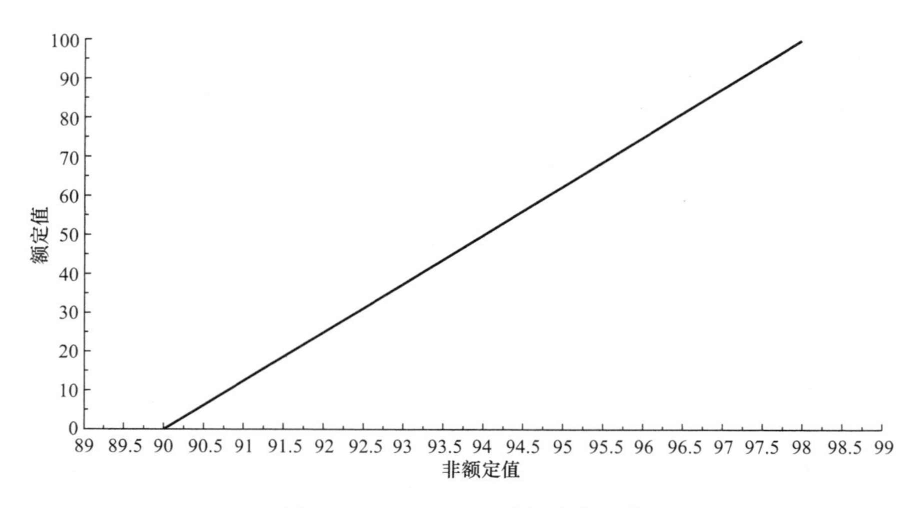

图 5-11 用于 FS3.5 的标准化函数

变量：

[SF3－V5] 所提供服务的实收账款。

定义：评估期内所提供服务的实收账款。

单位：财务报表使用的货币

可靠性：表 99

[SF3－V6] 所提供服务的应收账款。

定义：评估期内所提供服务的应收账款，包括所适用的营业税，减去财务周期结账日前到期的应收账款，加上上一财务周期剩余的应收账款和未来 90d 内到期的应收账款。

单位：财务报表使用的货币

可靠性：表 99

5.3.6 平均收款期（FS3.6）

定义：用天数表示的收款所需平均时长。选取过去 3 个完整日历年的数据的平均值。

类型：指标

服务：饮用水和/或公共卫生

术语：加权平均税率

公式：[SF3－V7]/([SF3－V12]×(1＋[SF3－V8])/360)　单位：d

标准化函数如图 5-12 所示。

变量：

[SF3－V12] 所提供的服务产生的收益。

定义：计入损益表中的由所提供的服务/销售产生的收益，并与应收账款中的收益相一致。

单位：财务报表使用的货币

可靠性：表 88

备注：若待评估企业的财务报表范围不符合评估范围，可使用修正的可靠性表。详见表 1088。

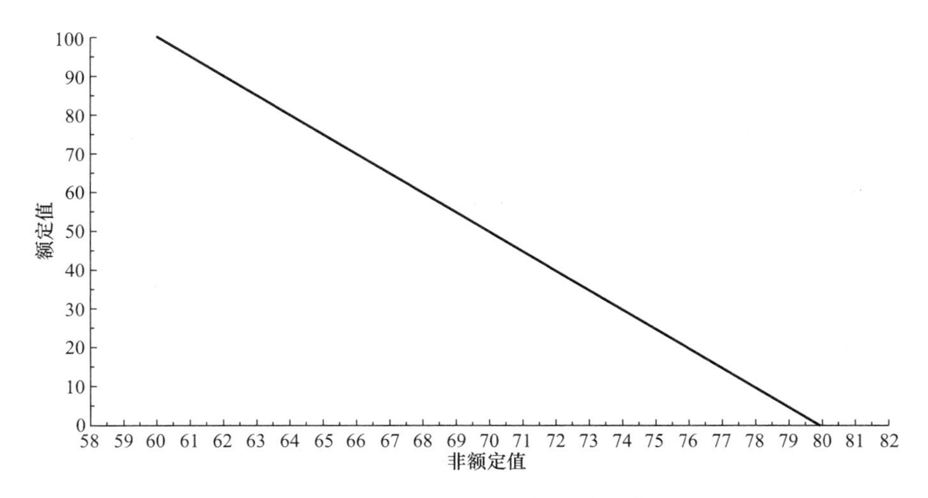

图 5-12 用于 FS3.6 的标准化函数

[SF3－V7] 应收账款余额（总值，但不计无法收回的应收账款的折扣补贴）。

定义：在财务周期截止日由所提供的服务产生的应收账款，不计无法收回的应收账款的折扣补贴。

单位：财务报表使用的货币

可靠性：表 88

备注：若待评估企业的财务报表范围不符合评估范围，可使用修正的可靠性表。详见表 1088。

[SF3－V8] 销售税率。

定义：销售税率或增值税率。如果销售额适用不同的税率，或一部分销售额需缴税而另一部分可免税，则可使用“加权平均税率”。“加权平均税率”是根据各项应税总收益（包括免税部分）占计入财务报表内的交付服务（变量 FS3-V12）的总收益的百分比计算得出的。加权平均税率的计算公式参见术语表。

单位：—

可靠性：表 56

5.3.7 欠款（FS3.7）

定义：90d 内未支付的应收账款所占的比例。选取过去 3 个完整日历年的数据的平均值。

类型：指标

服务：饮用水和/或公共卫生

术语：

公式：([SF3－V10]/[SF3－V7])×100　单位：%

标准化函数如图 5-13 所示。

变量：

[SF3－V10] 超过 90d 未支付的账款。

定义：财务周期内，超过 90d 未支付的账款。

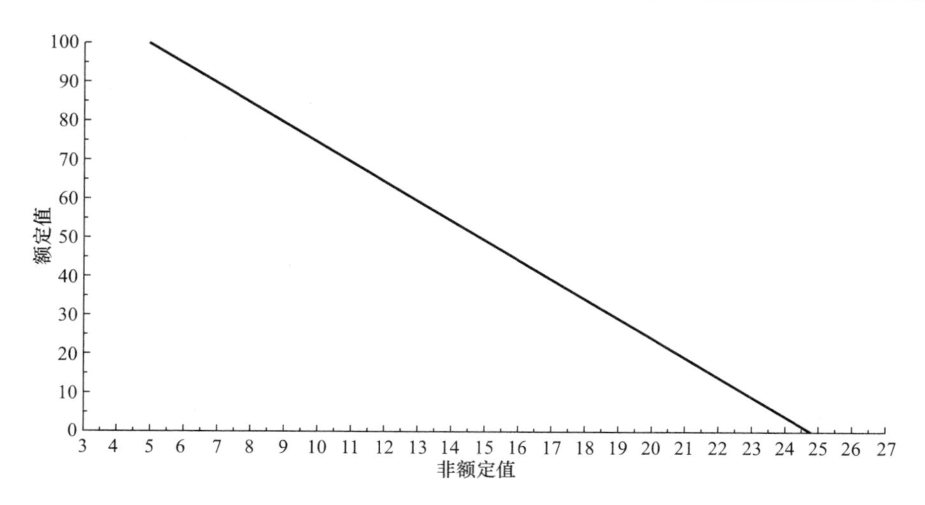

图 5-13 用于 FS3.7 的标准化函数

单位：财务报表使用的货币

可靠性：表 99

[SF3－V7] 应收账款余额（总值，但不计无法收回的应收账款的折扣补贴）。

定义：在财务周期截止日由所提供的服务产生的应收账款，不计无法收回的应收账款的折扣补贴。

单位：财务报表使用的货币

可靠性：表 88

6　服务的接入（AS）

饮用水和污水服务的接入是家庭健康和生活质量的基础，对经济和社会发展也同样重要。联合国明确将此作为人的权利。因此，饮用水和污水服务的覆盖是本评估系统的必要方面，与服务质量评估相辅相成。

本章的评估主要集中在通过管网基础设施所传递的服务，但同时也考虑了不得不使用其他方式暂时提供服务的情况，比如罐车。本章使用实践指标评估了待评估的地理区域内为全体人口服务的普及性，并引入一系列的定量指标考察实际服务的覆盖率和财务普及性。

值得注意的是，水务公司的职责覆盖范围极广，从服务全覆盖的行政区（区级、大都市等）到地理区域内服务未覆盖的某些地区（如不满足最低城市发展标准的地区）。因此，在进行评估时需明确企业提供服务相应的覆盖区域。

本章服务的接入没有进行下一级分类。

实践：

AS1.1 保障服务的“接入”。

指标：

（1）AS1.2 家庭饮用水“接入”；

（2）AS1.3 污水收集“系统”连接；

（3）AS1.4 家庭支付服务的能力。

6.1　保障服务的“接入”（AS1.1）

类型：最佳实践

服务：饮用水和/或公共卫生

标准化：根据实践加权

术语：系统，接入，待评估的地理区域，主管官方机构

定义：包含表 6-1 的内容

AS1.1 保障服务的“接入”的良好实践列表　　**表 6-1**

序号	实践	可靠性	权重
1	有将饮用水服务拓展到现未接入的家庭的相关计划。计划须明确服务目标覆盖范围，并制定与相关部门同等或更严格的时间表（如果评估日前一年度“待评估的地理区域”中已接入饮用水管网的家庭比例高于 99.9%，那么本实践被视为符合最大可靠性等级。上述比例值应有“主管官方机构”公布的数据支持或由指标 AS1.2（>99.9%）得来，且 AS1.2 的平均可靠性等于或大于 0.8）	T.2	3
2	有针对“待评估的地理区域”中未能接入饮用水服务的地区制定的其他饮用水供给计划，确保 500m 内的每个住所都可以获得饮用水服务，并保证供水的连续性和质量（如果评估日前一年度“待评估的地理区域”中已接入饮用水管网的家庭比例高于 99.9%，那么本实践被视为符合最大可靠性等级。上述比例值应有“主管官方机构”公布的数据支持或由指标 AS1.2（>99.9%）得来，且 AS1.2 的平均可靠性等于或大于 0.8）	T.121	3

续表

序号	实践	可靠性	权重
3	有将污水收集服务拓展到现未接入主“系统”的家庭的相关计划。计划须明确服务目标覆盖范围，并制定与相关部门同等或更严格的时间表（如果评估日前一年度“待评估的地理区域”中已接入污水收集管网的家庭比例高于99.9%，那么本实践被视为符合最大可靠性等级。上述比例值应有“主管官方机构”公布的数据支持或由指标AS1.3（>99.9%）得来，且AS1.3的平均可靠性等于或大于0.8）	T.2	3
4	有针对低收入家庭的特殊收费系统或补贴机制，以促进饮用水和/或污水服务常规消费的缴费	T.2	1
5	有针对低收入家庭的特殊收费系统或计划，通过补贴或贷款的方式促进饮用水和/或污水接入管网的缴费（如果评估日前一年度“待评估的地理区域”中已接入饮用水和污水收集“系统”的家庭比例高于99.9%，那么本实践被视为符合最大可靠性等级。上述比例值应有“主管官方机构”公布的数据支持或由指标AS1.2和AS1.3（>99.9%）得来，且两项指标的平均可靠性均等于或大于0.8）	T.2	3
6	设有专门的部门或业务单位负责计划并拓展饮用水和/或污水服务未覆盖地区的业务（如果评估日前一年度“待评估的地理区域”中已接入饮用水和污水收集“系统”的家庭比例高于99.9%，那么本实践被视为符合最大可靠性等级。上述比例值应有“主管官方机构”公布的数据支持或由指标AS1.2和AS1.3（>99.9%）得来，且两项指标的平均可靠性均等于或大于0.8）	T.2	2

6.2 家庭饮用水“接入”（AS1.2）

本指标考察了饮用水供给“系统”的覆盖程度。本项评估是基于人口比例的。人口比例是指在“待评估的地理区域”内，无论是住所还是其属地（“资产”）接受饮用水供给服务的居民占全部居民数量的比例。

不考虑其他商业或工业活动用水是由于该部分用水与家庭用水评估不明确相关。

定义：在评估日前一年度，提供饮用水服务的“待评估的地理区域”内其家庭已“接入”饮用水管网的居民占区域内全部居民数量的比例。

类型：指标

服务：饮用水

术语：系统，资产，接入，待评估的地理区域

公式：([AS−V1]/[AS−V2])×100　单位：%

标准化函数如图6-1所示。

变量：

[AS−V1] 家庭已“接入”饮用水管网的居民数量。

定义：在评估日前一年度末，“待评估的地理区域”内其家庭已“接入”饮用水管网的居民数量。

单位：人

可靠性：表100

[AS−V2] 提供饮用水服务的“待评估的地理区域”内的居民总数。

定义：在评估日前一年度末，提供饮用水服务的“待评估的地理区域”内的居民总数。

单位：人

可靠性：表 101

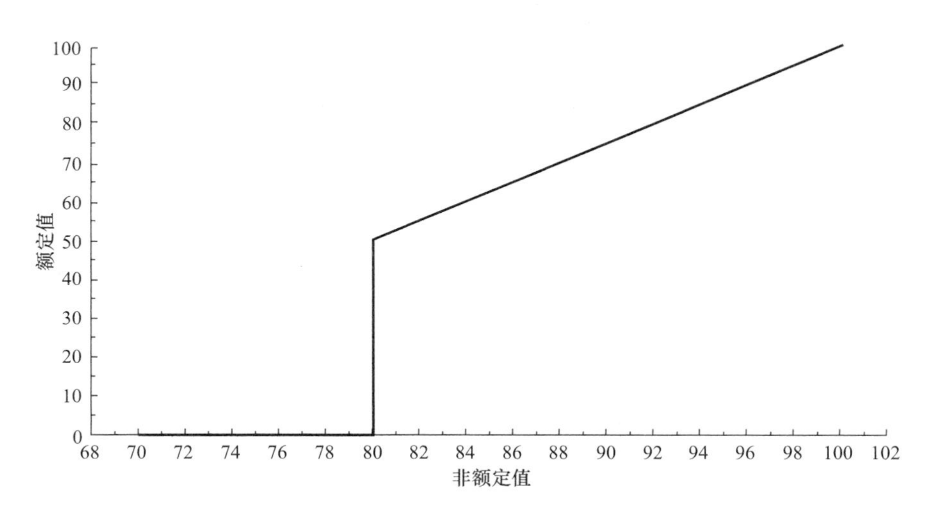

图 6-1 用于 AS1.2 的标准化函数

6.3 污水收集“系统”连接（AS1.3）

该指标考察了污水收集管网的覆盖程度。本项评估基于“待评估的地理区域”内的人口比例。该处的人口比例是指：无论是住所还是其资产配有与污水收集系统连通的有效排水设施（将污水运至污水处理厂，若没有污水处理厂，就运至具备排水能力的水体，或集中进入水环境）的居民数量占区域内居民总量的比例。若市政当局或主管部门授权使用化粪池，则可视为等同于接入污水收集管网。

即使其他商业或工业活动会对区域健康产生一定的影响，但是由于该部分污水与家庭污水评估没有明确的相关性，因此在评估时不予考虑。

同时也不考虑服务交付质量，除非认可污水收集管网运行正常，或如使用化粪池，其运行正常。

本项评估只考虑污水排放能力。

定义：在评估日前一年度末，提供污水收集服务的“待评估的地理区域”内其家庭已“接入”污水收集管网的居民占区域内全部居民数量的比例。（在“待评估的地理区域”内若市政当局或主管部门授权使用化粪池，则可视为等同于接入污水收集管网）。

类型：指标

服务：公共卫生

术语：系统，待评估的地理区域

公式：([AS－V4]/[CS3－V4])×100　单位：%

标准化函数如图 6-2 所示。

变量：

[AS－V4] 家庭已“接入”污水收集管网的居民数量。

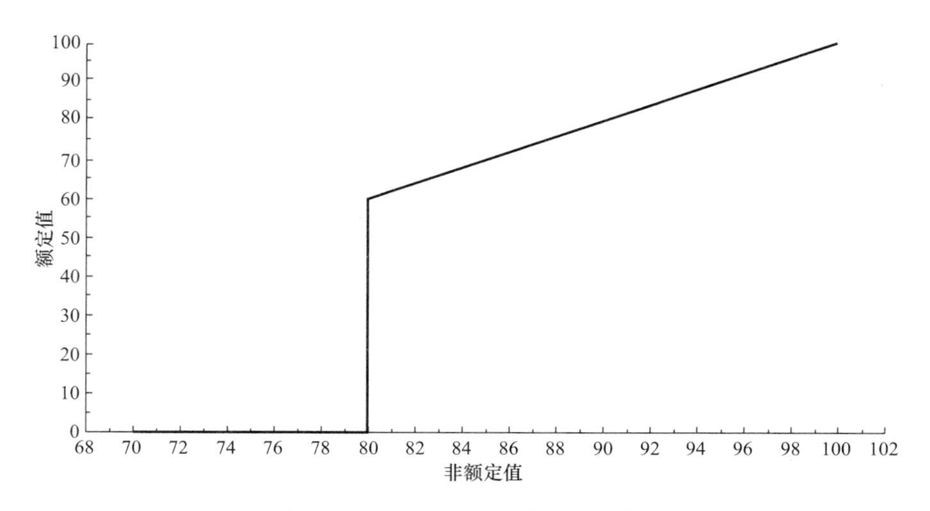

图 6-2　用于 AS1.3 的标准化函数

定义：在评估日前一年度末，提供污水收集服务的“待评估的地理区域”内其家庭已“接入”污水收集管网的居民数量（在“待评估的地理区域”内若市政当局或主管部门授权使用化粪池，则可视为等同于接入污水收集管网）。

单位：人

可靠性：表 100

[CS3－V4] 提供污水收集服务的“待评估的地理区域”内居民总数。

定义：在评估日前一年度末，提供污水收集服务的“待评估的地理区域”内居民总数。

单位：人

可靠性：表 101

6.4　家庭支付服务的能力（AS1.4）

该指标评估了饮用水服务（和污水服务，视评级范围而定）的开销对低收入家庭财务的影响，需考虑可能存在的相关补贴。

定义：采用最贫穷地区 1/5 人口的每户每月饮用水服务（和污水服务，视评级范围而定）开销占家庭月平均收入的比例表示。计算时假设每个家庭每天用水 200L，并按此消耗量计算水费/污水排放费。

类型：指标

服务：饮用水和/或公共卫生

术语：待评估的地理区域，评级范围

公式：若企业提供饮用水和公共卫生服务

([AS－V5.1]/[AS－V6])×100　单位：%

若企业提供饮用水服务

([AS－V5.2]/[AS－V6])×100　单位：%

标准化函数如图 6-3、图 6-4 所示。

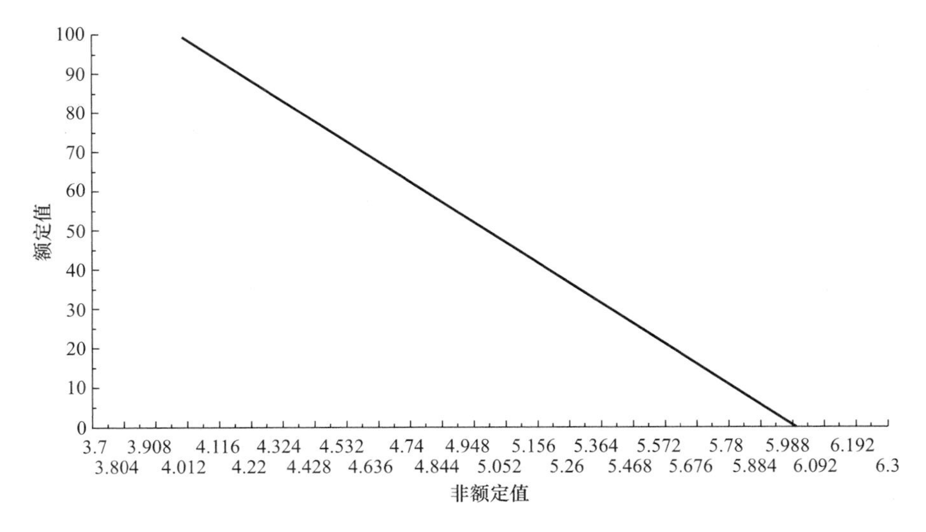

图 6-3 用于 AS1.4 的标准化函数（若企业提供饮用水和公共卫生服务）

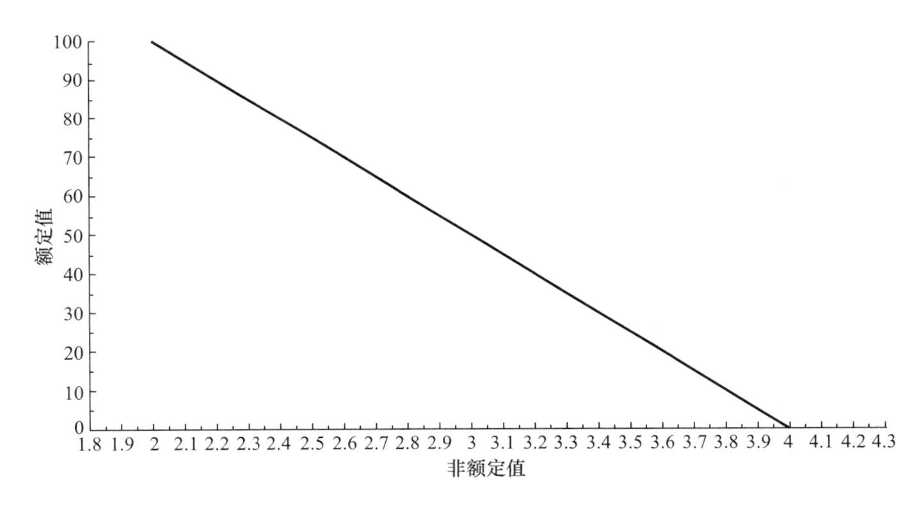

图 6-4 用于 AS1.4 的标准化函数（若企业提供饮用水服务）

变量：

[AS－V5.1] 每个家庭每月的饮用水和污水服务开销。

定义：每个家庭每月的饮用水和污水服务开销。计算时假设评估日前一年度每天的饮用水消耗为 200L，或每月消耗 $6m^3$，并以此用量计算应付的水费/污水排放费。如果事实成立，那么在计算低收入家庭应缴的水费时就采用此收费标准。如果政府将给予低收入家庭的补贴直接支付给供水公司，或给予低收入家庭的水费账单一定的折扣，那么在计算开销时应减去该部分补贴金额。如果“待评估的地理区域”由不同水费标准的区域所组成，计算时应选取区域内适用人数最多的那档费率。

单位：本地货币

可靠性：表 103

[AS－V5.2] 每个家庭每月的饮用水服务开销。

定义：每个家庭每月的饮用水服务开销。计算时假设评估日前一年度每天的饮用水消耗为 200L，或每月消耗 $6m^3$，并以此用量计算应付的水费。如果事实成立，那么在计算低收入家庭应缴的水费时就采用此收费标准。如果政府将给予低收入家庭的补贴直接支付给供水公司，或给予低收入家庭的水费账单一定的折扣，那么在计算开销时应减去该部分补贴金额。如果“待评估的地理区域”由不同水费标准的区域所组成，计算时应选取区域内适用人数最多的那档费率。

单位：本地货币

可靠性：表 103

[AS—V6] 最贫穷地区五分之一人口的家庭月平均收入。

定义：最贫穷地区五分之一人口的家庭月平均收入。

单位：本地货币

可靠性：表 104

7 公司治理（CG）

提供服务的组织或企业（水务公司）其公司治理质量在董事决策时起决定性作用，并会影响公司整体绩效。因此，这是 AquaRating 的一个评估方面。在本章中，公司治理是指公司董事和业主、董事和其他利益相关者之间的关系。

自治、问责制和透明度是本章的主要概念和标准。无论是对于公有企业还是私有企业，上述三者与公司治理质量息息相关。自治（与职责相关）、问责制和透明度作为条件，全部得以满足后方可为经理根据既定目标有效地经营企业提供动机，并使得利益相关者能够监督企业管理。

评估包含如下子类：

（1）CG1 企业自治和职责；

（2）CG2 决策程序和问责制；

（3）CG3 透明度和可控性。

7.1 企业自治和职责（CG1）

当企业自治与相关的职责、透明度和问责制相结合时，将有助于企业的高效管理。在明确定义了服务目标和相关职责的条件下，管理自治性决定着管理的关键方面（如人员配置和招聘、薪酬、采购、支付和举债等），将促进企业的高效管理，并有助于实现预定的目标。该条件通过良好实践进行评估。

实践：

CG1.1 企业自治和职责。

7.1.1 企业自治和职责（CG1.1）

类型：最佳实践

服务：饮用水和/或公共卫生

标准化：根据实践加权

术语：服务覆盖的地理区域，业主（水务公司），法人，正式自主权（以获得商品和服务并支付相关款项，设定工资和安置员工，签订债务协议），自主经营权（与薪酬和安置员工、获得商品和服务、债务相关的决定），董事会

定义：包含表 7-1 的内容

CG1.1 企业自治和职责的良好实践列表　　表 7-1

序号	实践	可靠性	权重
1	企业是受公法或私法管束的“法人”，且独立于授予服务权的当局	T.105	1
2	拥有明确的法律文件以划定“服务覆盖的地理区域”及企业的权利和义务，包括：服务性质、服务质量、服务扩展或覆盖目标、费用、投资计划、投融资	T.105	1

续表

序号	实践	可靠性	权重
3	拥有公司章程和细则或相似的有效文件，用于明确企业决策主体的结构、功能和职责（如“业主”会议、“董事会”等），并管控这些主体的决策程序	T. 105	1
4	企业有“正式自主权”以购买商品和服务、付款、设定薪酬和安置员工	T. 105	1
5	企业有“正式自主权”以签署国债	T. 105	1
6	企业有决定薪酬、人员、采购和债务相关事务的“自主经营权”	T. 105	2

7.2 决策程序和问责制（CG2）

公司业主和其他利益相关者代表的问责制有助于确保那些拥有职责和权利的人员会负责任地管理第三方资源，也是保证与组织制定的公司治理条例相一致的一个重要条件。问责制的先决条件是职责和决策程序的明确定义。本节使用下述良好的实践标准进行评估。CG3 评估提供透明信息以确保广义权益相关者（如用户、居民、税务机构等）的职责，是对本节的补充。

实践：

（1）CG2. 1 公司治理；

（2）CG2. 2 选举“董事会”成员和首席执行官；

（3）CG2. 3“董事会”的权利和职责。

7.2.1 公司治理（CG2. 1）

类型：最佳实践

服务：饮用水和/或公共卫生

标准化：根据实践加权

术语：业主（水务公司），董事会，业主代表团，及时接收通知（董事会成员），董事会发布的会议纪要传阅可接受的时限，及时接收通知（业主代表团成员），业主代表团发布的会议纪要传阅可接受的时限

定义：包含表 7-2 的内容

CG2. 1 公司治理的良好实践列表 **表 7-2**

序号	实践	可靠性	权重
1	设立“业主代表团”，但应与“董事会”在组成和分配的权力上有所不同	T. 105	2
2	主要的企业“主体”（业主代表团、“董事会”、公司章程或细则中所涉及的其他主体）应按照适用的规章/公司章程和细则开会，且他们所做出的决定应及时地记录在正式的会议纪要中	T. 4	2
3	“董事会”及其委员会（如果有的话）的全体成员应“及时”收到所有会议的通知和日程安排表，以便他们有时间准备并出席会议	T. 4	1
4	记录董事会及其委员会（如果有的话）在会议上做出的决议的文档，应在规定“时限”内供董事会及其委员会成员传阅，且根据所制定的相关规则，此类文档是具有效力的	T. 4	1
5	“业主代表团”的全体成员应“及时”收到所有会议的通知和日程安排表，以便他们有时间准备并出席会议（如果不存在此类主体，那么该实践被视为符合最高可靠性等级，也被认为选择不符合实践 CG2. 1. 1 的内容）	T. 4	1

续表

序号	实践	可靠性	权重
6	记录“业主代表团”在会议上做出的决议的文档，应在规定“时限”内供其全体成员和董事会及其委员会全体成员传阅（如果不存在此类主体，那么该实践被视为符合最高可靠性等级，也被认为选择不符合实践 CG2.1.1 的内容）	T.4	1
7	企业拥有书面的且获得正式批准的公司治理政策，至少需注明“业主”权利及其与企业的关系、“董事会”的角色、决策过程和决策制定的交流过程	T.2	1
8	拥有特定的部门负责监督公司治理政策的制定与执行	T.105	1
9	企业需有书面的且经“董事会”批准的道德手册，用以杜绝和发现贪污行为。所有的董事会成员和全体员工都需签署该文件	T.2	1
10	拥有特定的部门负责确保企业活动符合道德手册的内容	T.105	1
11	拥有促进公众参与的相关政策并将其用于实践，包括组织市民代表大会或讨论会，每年至少进行一次	T.2	1

7.2.2 选举“董事会”成员和首席执行官（CG2.2）

类型：最佳实践
服务：饮用水和/或公共卫生
标准化：根据实践加权
术语：董事会，独立董事
定义：包含表 7-3 的内容

CG2.2 选举“董事会”成员和首席执行官的良好实践列表 **表 7-3**

序号	实践	可靠性	权重
1	董事的选择需要通过事先制定的专业背景和任职资质评估	T.106	2
2	首席执行官的选择需要通过事先制定的专业背景和任职资质评估	T.106	2
3	董事长和首席执行官不能为同一人	T.106	2
4	“董事会”成员至少两年选举一次	T.107	1
5	在选举“董事会”成员和首席执行官时，由咨询公司专门负责招聘或由董事委员会专门负责任命	T.106	1
6	公司章程和细则需考虑“独立董事”的任命，且至少 20%的“董事会”成员是独立的	T.106	1
7	董事的罢免必须依据公司章程和细则或相关文件中明确的规定	T.106	1

7.2.3 “董事会”的权利和职责（CG2.3）

类型：最佳实践
服务：饮用水和/或公共卫生
标准化：根据实践加权
术语：业主（水务公司），董事会，独立董事
定义：包含表 7-4 的内容

CG2.3“董事会”的权利和职责的良好实践列表　　表7-4

序号	实践	可靠性	权重
1	“董事会”是负责选择首席执行官（CEO）并决定其薪酬的唯一主体	T.106	1
2	“董事会”批准并监督企业战略计划和政策的实施	T.2	1
3	“董事会”评估企业管理的成果	T.2	1
4	“董事会”需为以下至少一种特定的事务成立委员会：审计、薪酬以及董事和执行官的任命	T.106	1
5	委员会或上述实践中提及的委员大部分由“独立董事”组成	T.106	1
6	“董事会”直接或通过审计委员会监督企业的内部和外部审计	T.2	1
7	“董事会”有责任一年举行一次面向股东或其他可代表公众利益（公共事业）的人员的会议	T.2	2
8	“董事会”需对绩效进行自我评定	T.2	1

7.3　透明度和可控性（CG3）

透明度是使问责制有效且确保企业会对管理成效负责的必要条件，但如果缺乏有序的、及时的和公开得到的信息（透明信息），那么透明度是不可能实现的。会计和财务信息起着重要的作用，其透明度是评判企业管理和进行公共控制的核心。本节通过良好实践进行评估。

实践：

（1）CG3.1服务信息披露；

（2）CG3.2机构和财务信息披露；

（3）CG3.3审计和控制程序。

7.3.1　服务信息披露（CG3.1）

类型：最佳实践

服务：饮用水和/或公共卫生

标准化：根据实践加权

术语：相关法律法规，投诉

定义：企业至少披露或公开表7-5的信息。

CG3.1服务信息披露的良好实践列表　　表7-5

序号	实践	可靠性	权重
1	有效的水费和价格	T.108	1
2	用户权限	T.108	1
3	企业关于服务质量的义务（饮用水和/或污水）	T.108	1
4	与所用饮用水“标准”的符合性	T.108	1
5	与所提供的服务相关的信息，如服务中断、街道施工等	T.108	1
6	“投诉”数量和解决投诉所花费的时间	T.108	1

7.3.2　机构和财务信息披露（CG3.2）

类型：最佳实践

服务：饮用水和/或公共卫生

标准化：根据实践加权

术语：业主（水务公司），董事会，业主代表团，工作（与投资计划项目相关）

定义：企业至少披露或公开表 7-6 的信息。

CG3.2 机构和财务信息披露的良好实践列表 **表 7-6**

序号	实践	可靠性	权重
1	公司治理政策及其执行过程中的合规程度以及符合国家良好公司治理自律守则的程度	T.108	1
2	获得正式批准的道德手册	T.108	1
3	在规定时间内制作的财务报告和年度报告	T.108	3
4	外部机构的审计报告	T.108	1
5	“企业业主”信息以及以下组成的成员信息：(1)“业主代表团”；(2)“董事会”	T.108	1
6	企业“董事会”每个成员的薪资、费用或津贴	T.108	1
7	所规划“工作”的投资计划和招标邀请	T.108	1
8	总结所有超过规定金额的合同（如水务公司尽其法律责任编制公开所有授予的合同）	T.108	1

7.3.3 审计和控制程序（CG3.3）

类型：最佳实践

服务：饮用水和/或公共卫生

标准化：根据实践加权

术语：董事会，业主代表团

定义：包含表 7-7 的内容

CG3.3 审计和控制程序的良好实践列表 **表 7-7**

序号	实践	可靠性	权重
1	外部审计员是由“业主代表团”基于“董事会”推荐的名单而选出的，或由负责外部财务控制的正式机构选出	T.107	1
2	“董事会”或其审计委员会检查并批准外部审计员的报告和内审部门的报告	T.2	1
3	根据外部审计员和内审部门提出的建议进行改进，“董事会”或其审计委员会应监督改进的实施	T.2	1
4	设立向董事会/“董事会”审计委员会汇报的内审部门	T.2	1

8 环境可持续性（ES）

该章针对水务公司履行其责任进行“系统”管理的环境可持续性进行评估，检查在系统管理过程中实现的环境等级和可能造成的环境影响。为了量化此类影响，采用了描述水环境和相关生态系统特征时最常用的参数。

该章的评估仅考虑了环境与由饮用水和污水相关活动可能造成的影响之间的相互作用。评估限于环境角度，评价目前和未来可能产生的环境影响。

本类评估分为两个子类：第一类集中在由用过的水回到环境的条件或待评估地区排出的水所带来的环境影响；第二类考虑在所评估服务的规划和管理中，所有可以量化的与环境之间的相互作用，也包括副产品及其产生的影响。

评估包含如下子类：

（1）ES1 污水处理与管理；

（2）ES2 环境管理。

8.1 污水处理与管理（ES1）

该子类的重点在于与污水处理相关的活动，因为其对接收城市污水管网排出的污水/雨水的水体环境有显著的直接影响。

实践：

ES1.1 污水处理服务运营和控制的保证。

指标：

（1）ES1.2 污水处理设施的可用性；

（2）ES1.3 污水排放的合规性。

8.1.1 污水处理服务运营和控制的保证（ES1.1）

类型：最佳实践

服务：饮用水和/或公共卫生

标准化：根据实践加权

术语：实时，预防性维护，维修保养，预防性维护程序，维修保养程序，污水处理方案

定义：包含表 8-1 的内容

ES1.1 污水处理服务运营和控制的保证的良好实践列表 **表 8-1**

序号	实践	可靠性	权重
1	最新的“污水处理方案”生效，且在可控制范围内	T.2	2
2	污水处理厂的处理能力大于或等于其接收的最大负载和流量	T.8	3

续表

序号	实践	可靠性	权重
3	修建雨水池以缓冲来自城市排水系统的峰值污水量，且这些雨水池纳入污水处理厂管理和处理暴雨储量的系统	T.3	1
4	污水处理厂有关于“预防性维护”的“程序”和记录	T.2	3
5	污水处理厂有关于“维修保养”的“程序”和记录	T.2	3
6	服务规模超过5000人的污水处理厂需配备自动运行系统	T.1	2
7	有每日/根据相关法律法规要求而更频繁使用的污水自评程序	T.2	3
8	有“实时”流入和流出量测量系统	T.1	1
9	有用于测量入口、出口及中间过程中物理和化学参数的设备	T.1	2
10	存有运行参数控制（标准规定的流量和参数）的记录	T.2	1
11	至少25%的污水处理厂中有水质分析实验室（以分析基础参数）	T.8	1

8.1.2 污水处理设施的可用性（ES1.2）

本指标评估考察了“待评估的地理区域”内污水处理覆盖程度。覆盖程度采用那些所产生污水至少经过污水处理厂二级处理的人口当量的比例表示。当污水通过出海口排放时，如果出海口符合相关国家规定则被视为满足要求。

定义：评估日前一年度末，在“待评估的地理区域”内，其污水收集接入污水处理厂的建筑（在“人口当量”中）所占比例。

类型：指标

服务：公共卫生

术语：人口当量，待评估的地理区域

公式：([SA－V9]/[SA－V14])×100　单位：%

标准化函数如图8-1所示。

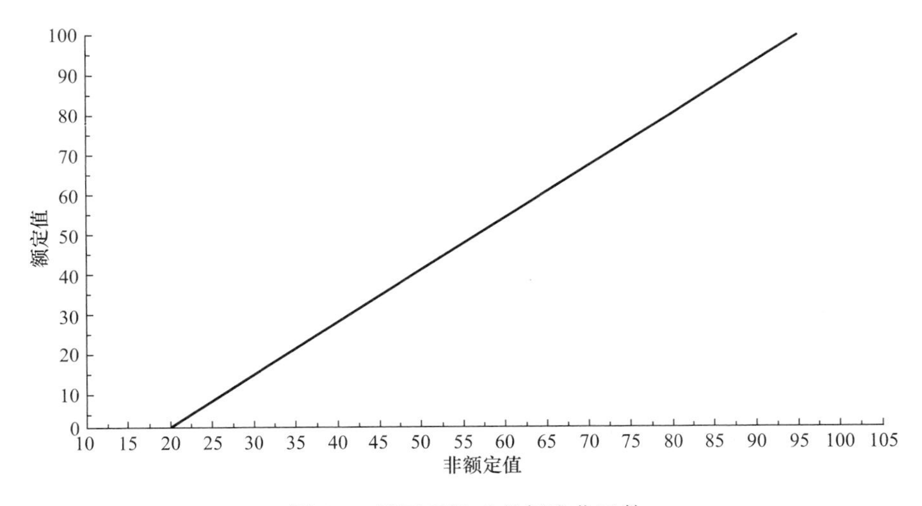

图8-1　用于ES1.2的标准化函数

变量：

[SA－V14] 在“待评估的地理区域”内排放污水的人口“当量”。

定义：在评估日前一年度末，在“待评估的地理区域”内排放污水的人口“当量”。

单位：人口当量

可靠性：表 117

[SA－V9] 污水排放系统与运行中的污水处理厂相连的物产（如建筑物）数量。

定义：在评估日前一年度末，污水排放系统与运行中的污水处理厂相连的物产数量（按“人口当量”计）。

单位：个

可靠性：表 116

8.1.3 污水排放的合规性（ES1.3）

本指标通过检查与“相关法律法规”中污水处理厂污染物排放相关规定的符合程度，评估污水处理系统的质量。

定义：采集的所有样本中，符合相关法律法规的样本所占的比例。如果所采集的样本数量少于相关法律法规的规定，那么应使用法律法规所规定的数量作为指标的分母。

类型：指标

服务：公共卫生

术语：相关法律法规，系统

公式：([SA－V10]/[SA－V11])×100　单位：%

标准化函数如图 8-2 所示。

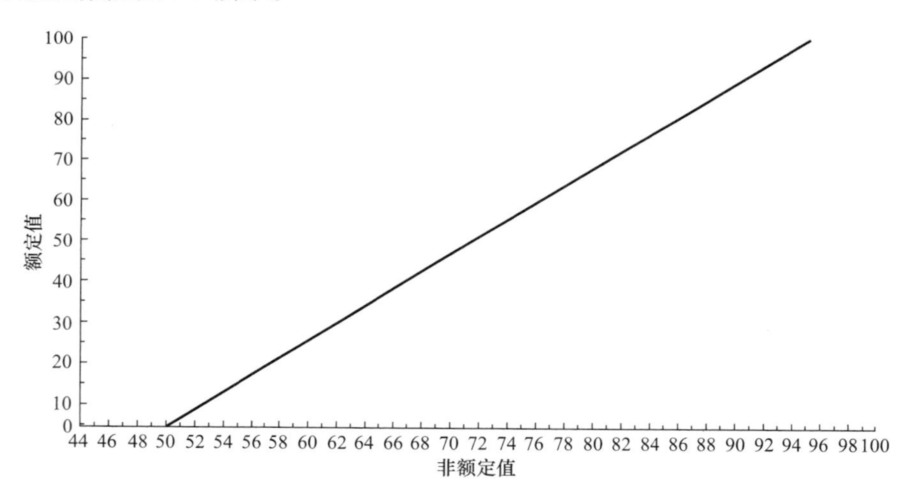

图 8-2　用于 ES1.3 的标准化函数

变量：

[SA－V10] 符合相关法律法规的样本数量。

定义：符合相关法律法规的样本数量（评估日前一年度全年的合规样本数量）。用于自评的样本和负责监控的单位采集的样本均包括在内。

单位：个

可靠性：表 118

[SA－V11] 采集并分析的样本总数量。

定义：采集并分析的样本总数量（评估日前一年度）或“相关法律法规”规定的样本数量（两者中较高的值）。

单位：个

可靠性：表 118

8.2 环境管理（ES2）

本节的评估被分为 3 组实践，包括规划、运营、“系统”和服务管理。此外，还有 6 项定量指标以评估环境影响：改变水源流量、能耗、温室气体排放、处理过程中产生的污泥、水资源利用程度、对环境法规的合规性。

实践：

（1） ES2.1 环境管理框架；

（2） ES2.2 规划中的环境意义；

（3） ES2.3 环境的运营及促进。

指标：

（1） ES2.4 与可再生资源相关的取水量；

（2） ES2.5 能源消耗平衡；

（3） ES2.6 饮用水和/或污水管理中相关的温室气体排放；

（4） ES2.7 处理过程中所产生污泥的相关环境管理；

（5） ES2.8 水资源利用；

（6） ES2.9 环境法规的合规性。

8.2.1 环境管理框架（ES2.1）

类型：最佳实践

服务：饮用水和/或公共卫生

标准化：根据实践加权

术语：系统

定义：包含表 8-2 的内容

ES2.1 环境管理框架的良好实践列表　　表 8-2

序号	实践	可靠性	权重
1	水务公司设有专门的部门或单位负责处理相关环境问题	T.6	1
2	有明确针对清洁环境的承诺、协议或内部程序	T.6	2
3	饮用水供给和/或污水收集和/或处理设备（根据待评估的服务）获得了符合环境标准的认证，如 ISO 14001。证书覆盖了待评估的地理区域内至少 80%的已安装设备或 80%的线性系统长度（管道或下水道）。证书同时也应涵盖以下方面：污水“系统”和处理能力>300m^3/h 的污水处理厂，以及连接在饮用水系统中其处理能力>100L/s 的设备	T.6	3

8.2.2 规划中的环境意义（ES2.2）

类型：最佳实践

服务：饮用水和/或公共卫生
标准化：根据实践加权
术语：系统，回收利用，水体
定义：包含表 8-3 的内容

ES2.2 规划中的环境意义的良好实践列表 **表 8-3**

序号	实践	可靠性	权重
1	战略规划应制定环境目标和机制以便后续跟进和差异监测	T.2	3
2	制定针对缓解气候变化或适应气候变化的详细方案或政策	T.2	2
3	战略和管理目标满足比法律规定的污水排放标准更严格的标准	T.2	2
4	在规划（方案、项目和工作）评估或方案实施阶段考虑了环境和社会成本	T.2	2
5	规划考虑了污水回用系统，并通过完整的比较分析方法做出决策	T.2	2
6	如果独立或共用的“回收利用”系统和非常规水资源利用被证实是有效的，那么应鼓励这些活动并为其融资	T.2	2
7	促进公众参与（民间团体、环境小组）决策的机制应考虑环境和社会意义	T.2	1
8	在受饮用水和/或污水“系统”管理影响的待评估地区内，将与之相关的“水体”和生态环境根据生态系统质量和价值进行分类，生态系统质量和价值是通过考察生物多样性、奇异物种和高环境价值地区所得的	T.2	3

8.2.3 环境的运营及促进（ES2.3）

类型：最佳实践
服务：饮用水和/或公共卫生
标准化：根据实践加权
术语：
定义：包含表 8-4 的内容

ES2.3 环境的运营及促进的良好实践列表 **表 8-4**

序号	实践	可靠性	权重
1	根据适用的法规，对所有工作或项目的环境和社会影响与危害进行评估	T.2	2
2	系统地采用一组用于监测与评估系统管理的环境可持续性的指标	T.2	2
3	环境责任报告或同类文件应系统地出版，并包含所有国际上常用的环境参数，至少应包括GRI（全球报告倡议组织）制定的参数	T.2	2
4	至少需对员工进行环境培训	T.2	1
5	有能效提高方案	T.2	2
6	有水利用效率和水需求管理程序	T.2	2
7	推广环境责任文化	T.2	1
8	促进带有明确环境目标的研究项目的实施，并为其融资	T.2	1

8.2.4 与可再生资源相关的取水量（ES2.4）

本指标旨在反映在所评估的系统中，进水口和城市供给分布如何改变水域或水体中的自然流入和流出。可再生的应用主要发生在地下水中，在这种情况下改变指的是从含水层取出的水量与含水层自然补给的水量之间的关系。

在很多情况下，从丰富的自然环境中取水不会给生态系统或水体状态造成显著影响。然而在其他情况下，这种影响可能是巨大的，因此需关注一个评估自然水流改变程度的指标（即使此类活动构成了城市地区供水的基础）。

本指标评估了在不考虑其他代理商是否对自然水流平衡产生影响的前提下，取水可能会造成的相对影响。可能重复交叉的活动不在考虑范围内。

定义：每年从自然水环境中取水的水量，包括直接取水或从其他系统中引入“待评估的地理区域”内供水“系统”的水量（选取评估日前5个完整日历年的平均值），占年平均自然流入水量的比例。

类型：指标

服务：饮用水

术语：系统，待评估的地理区域

公式：([SA－V1]/[SA－V2])×100　单位：%

标准化函数如图8-3所示。

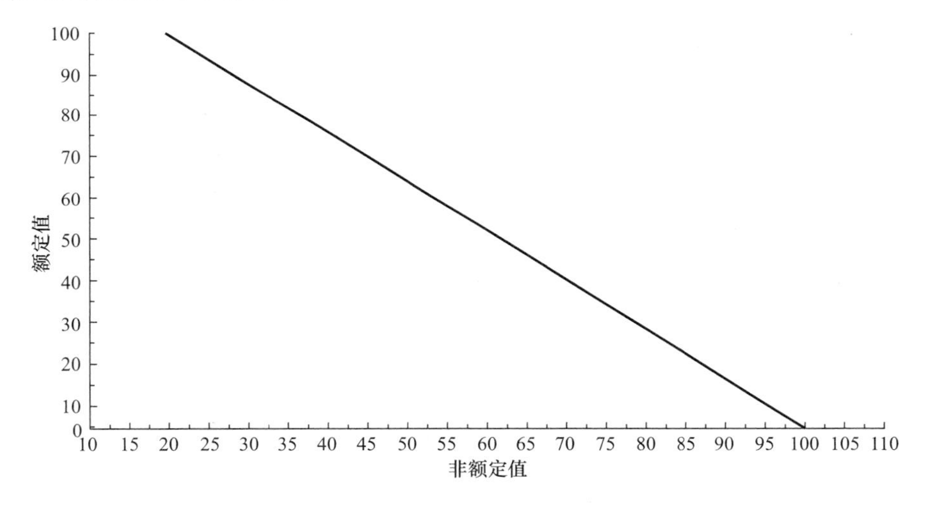

图8-3　用于ES2.4的标准化函数

变量：

[SA－V1] 每年从自然水环境中取水的水量，包括直接取水或从其他系统中引入“待评估的地理区域”内供水“系统”的水量。

定义：每年从自然水环境中取水的水量，包括直接取水或从其他系统中引入供水“系统”的水量（选取评估日前5个完整日历年的平均值）。

单位：m^3

可靠性：表109

[SA－V2] 年平均自然流入水量。

定义：包括年平均自然流入水量和地下水补给量，至少选用评估日前5个完整日历年的数据的平均值。

单位：m^3

可靠性：表110

8.2.5　能源消耗平衡（ES2.5）

本指标从综合的角度考察了能耗对环境的影响（不论类型或使用效率如何）。由于对服务和环境标准的合规程度对能耗水平影响很大，假设能源可以从水和污水服务中得来，所产生的能源和消耗的能源之间的平衡关系可作为一项评估指标。能耗的效率包括在运营效率评估中。

定义：所有饮用水和污水服务过程中所消耗的能源占所有与“系统”相连的设备产生的能量的比例。选用评估日前3个完整日历年的数据的平均值。

类型：指标

服务：饮用水和/或公共卫生

术语：系统

公式：([SA－V3]/[SA－V4])×100　单位：%

标准化函数如图8-4所示。

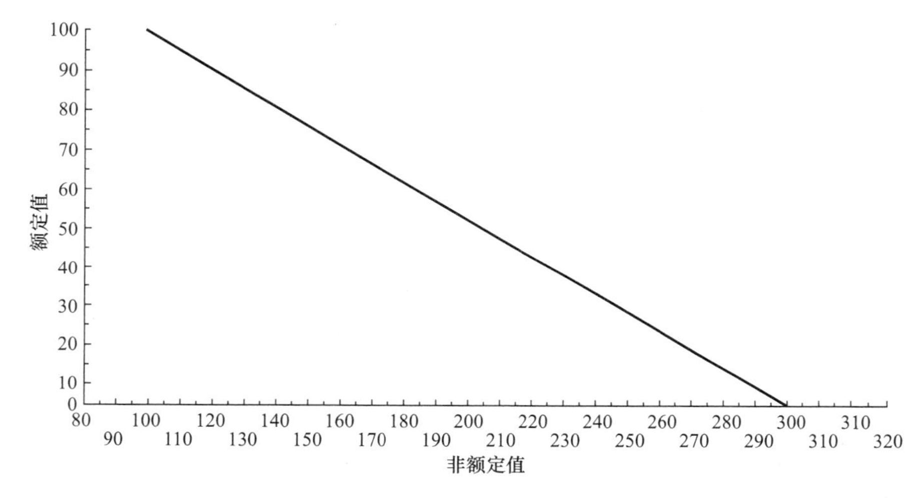

图8-4　用于ES2.5的标准化函数

变量：

[SA－V3] 所有饮用水和污水服务过程中所消耗的能源。

定义：所有饮用水和污水服务过程中所消耗的能源（评估日前3个完整日历年的数据的平均值）。

单位：kWh

可靠性：表111

[SA－V4] 与“系统”相连的设备产生的能量。

定义：与“系统”相连的设备产生的能量（过去3个完整日历年的数据的平均值）。

单位：kWh

可靠性：表112

8.2.6　饮用水和/或污水管理中相关的温室气体排放（ES2.6）

本指标考察温室气体排放对环境的影响。该变量取决于服务的种类和评估范围。该评估要素考虑了待评估服务可能带来的潜在环境影响。为了获得均匀的值，使用占服务居民人口的比例表示该参数。

定义：每年每服务 1000 名居民所排放 CO_2 当量的吨数。

类型：指标

服务：饮用水和/或公共卫生

术语：待评估的地理区域

公式：([SA－V5]/[SA－V15])×1000　单位：t/1000 人

标准化函数如图 8-5 所示。

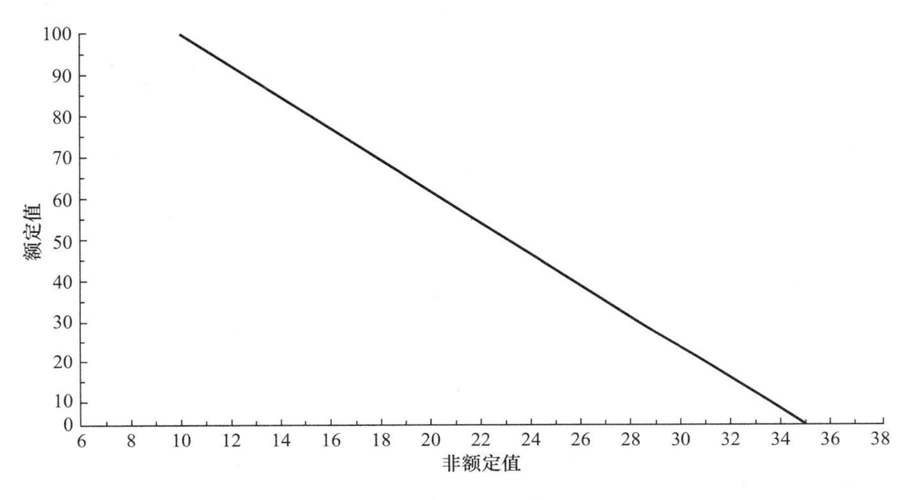

图 8-5　标准化函数图

变量：

[SA－V15]“待评估的地理区域”内服务的人口。

定义：评估日前一年度末，在“待评估的地理区域”内接受服务的居民数量。

单位：人

可靠性：表 100

[SA－V5] CO_2 当量年排放量。

定义：评估日前一年度，CO_2 当量年排放量。

单位：t

可靠性：表 113

8.2.7　处理过程中所产生污泥的相关环境管理（ES2.7）

本指标评估污水和饮用水处理过程中产生的污泥的处置地和潜在的影响。

所产生的污泥量取决于生产工艺和污水处理工艺类别。因此，评估要素考量了分配至“对环境负责的处置地”的污泥比例。

定义：用于生产能源的污泥或分配至“对环境负责的处置地”的污泥比例。

类型：指标

服务：饮用水和/或公共卫生

术语：系统，对环境负责的处置地

公式：([SA－V6]/[SA－V7])×100　单位：%

标准化函数如图 8-6 所示。

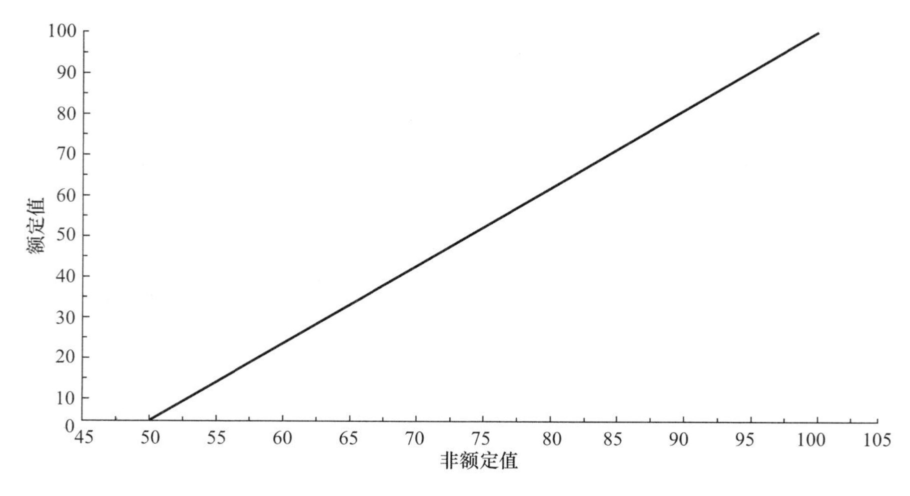

图 8-6　用于 ES2.7 的标准化函数

变量：

[SA－V6] 用于生产能源的污泥量或分配至“对环境负责的处置地”的污泥量。

定义：用于生产能源的污泥量或分配至“对环境负责的处置地”的污泥量（评估日前全年度）。

单位：t

可靠性：表 114

[SA－V7]“系统”处理过程中产生的污泥量。

定义：“系统”处理过程中产生的污泥量（评估日前全年度）。

单位：t

可靠性：表 115

8.2.8　水资源利用（ES2.8）

本指标评估水资源单耗带来的环境变化程度。该指标很大程度上取决于待评估的地理区域内的情景因素，如本地气候、用水传统、商业和工业活动类型及活跃程度。即便如此，该指标能够评价这一系列与用水量相关的因素占在待评估的地理区域内服务人口的比例。由于情景因素的影响，其作为效率指标是不稳定的。然而，作为环境监测指标，可以用于评估区域内用水和消费习惯所带来的影响程度。

定义：居民人均用水量和每日从自然环境中取水的水量（评估日前 3 年的平均值）。

类型：指标

服务：饮用水

术语：待评估的地理区域

公式：[SA－V8]/[CS1－V2]　单位：L/(人·d)

标准化函数如图 8-7 所示。

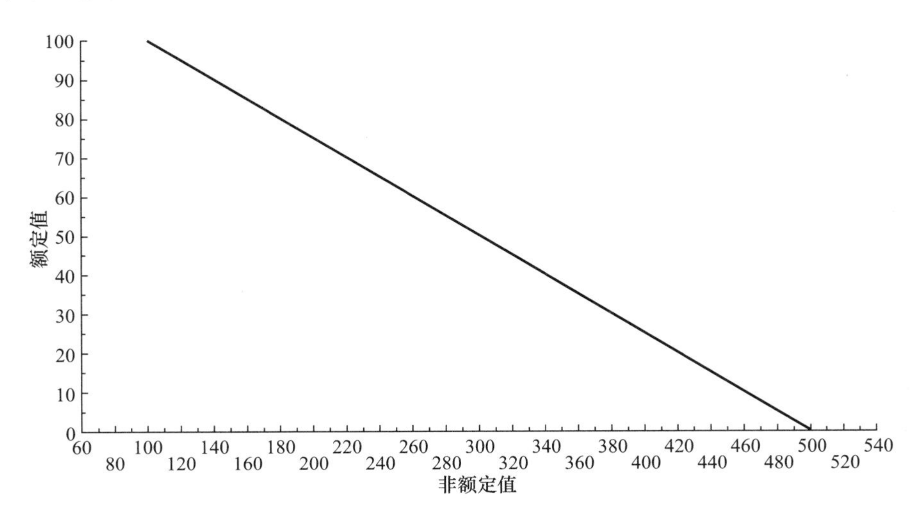

图 8-7 用于 ES2.8 的标准化函数

变量：

[CS1－V2]“待评估的地理区域”内，家庭接入饮用水服务的人口数量。

定义：“待评估的地理区域”内，家庭接入饮用水服务的人口数量（在评估日前一年度末）。

单位：人

可靠性：表 100

[SA－V8] 为供水而从自然环境中取出的水量（每日）。

定义：为供水而从自然环境中取出的水量（每日）。

单位：L/d

可靠性：表 109

8.2.9 环境法规的合规性（ES2.9）

本评估要素反映了评估类别与相关法律法规的符合程度。采用易获取、易测量和控制的变量是有好处的，但这些指标与机构监控的程度息息相关。法规和监测在不同“系统”中是不同的。

定义：在评估日前一年度中，由于违反“相关法律法规”而被报道、调查或罚款的“监测点”的比例。ISO 14001 审计时发现的不符点也被视为违规。

类型：指标

服务：饮用水和/或公共卫生

术语：相关法律法规，系统，监测点

公式：([SA－V12]/[SA－V13])×100 单位：%

标准化函数如图 8-8 所示。

变量：

[SA－V12] 由于违反“相关法律法规”而被报道、调查或罚款的“监测点”数量。

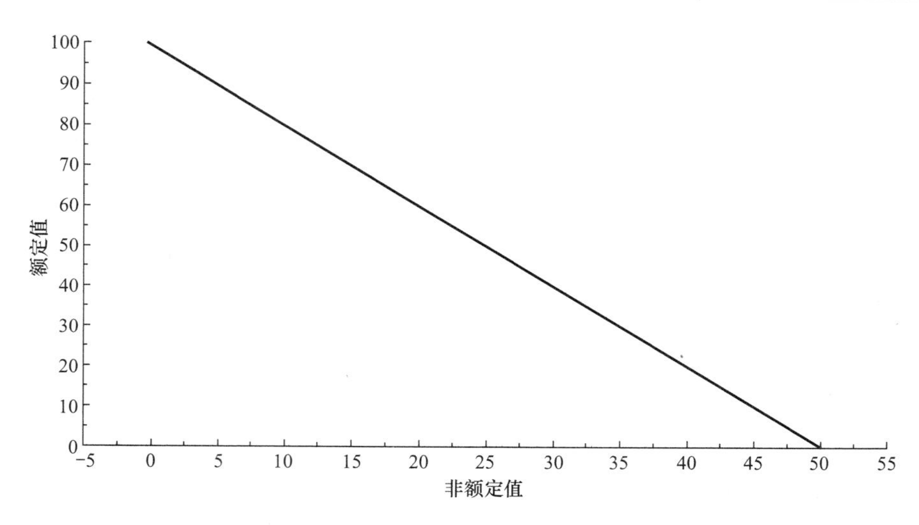

图 8-8　用于 ES2.9 的标准化函数

定义：由于违反“相关法律法规”而被报道、调查或罚款的“监测点”数量（评估前一年度）。

单位：个

可靠性：表 119

[SA－V13] 环境“法规”中规定设置的“监测点”总数。

定义：评估日前一年度末，环境“法规”中规定设置的“监测点”总数。

单位：个

可靠性：表 119

附录 A：可靠性表

表 1

	可靠性等级	因数
1	无法核实设备是否存在	0
2	设备确实存在且可经核实确定其具备指定的特性；受评估的水务公司经批准使用该设备（以产权、发票、交货单、租金收据等为证据）	0.6
3	在满足了第 2 级要求的基础上，公司已发行设备手册并培训出了负责使用与维护设备的人员	0.7
4	在满足了第 2 和第 3 级要求的基础上，公司至少 60%的设备校准情况可得到核实（用于测量物理和化学参数的设备须由获得认可的实验室进行校准）且校准的精确度通过了系统的检验	0.8
5	在满足了第 2 和第 3 级要求的基础上，公司所有设备的校准情况可得到核实（用于测量物理和化学参数的设备须由获得认可的实验室进行校准）且校准的精确度通过了系统的检验	0.95
6	除了满足第 2、第 3 和第 5 级的要求外，根据认证标准，至少对内审而言，这也是仪器审计的一部分	1

表 2

	可靠性等级	因数
1	没有实践的记录	0
2	有实践的记录，但没有该实践在评估日或评估日前一年间实施的证据	0.5
3	有实践的记录及该实践在评估日或评估日前一年间实施的证据	0.7
4	有实践的记录及该实践在评估日、评估日前一年间或前两年间实施的证据	1

表 3

	可靠性等级	求和
1	有文件描述了系统；公司发行的手册中详细说明了系统的使用与维护	0.25
2	配备了使用与维护系统的人员	0.25
3	文件已永久性地置入所有相关工作站或可通过相关工作站访问	0.25
4	有系统化的文件使用记录	0.25

表 4

	可靠性等级	因数
1	没有应用的证据	0
2	有在评估日或评估日前一年间应用的证据	0.7
3	有在评估日、评估日前一年间或前两年间应用的证据	1

表 5

	可靠性等级	因数
1	没有应用的证据	0
2	有在评估日前一年间应用的证据	0.7
3	有在评估日应用的证据	0.8
4	有在评估日和评估日前一年间应用的证据	0.9
5	有在评估日和评估日前两年间应用的证据	1

表 6

	可靠性等级	因数
1	没有实践的记录	0
2	有实践的记录，但没有该实践在评估日或评估日前一年间实施的证据	0.5
3	有文件化的流程及其在评估日前一年间应用的证据	0.7
4	有文件化的流程及其在评估日应用的证据	0.8
5	有文件化的流程及其在评估日和评估日前一年间应用的证据	0.9
6	有文件化的流程及其在评估日和评估日前两年间应用的证据	1

表 7

	可靠性等级	因数
1	没有记录。以预测数据为依据	0
2	有设施、类型、额定容量及设施在土地登记中和商业地图上的水力连接点的纸质记录。记录数据与普查数据之间没有明显的关联性	0.7
3	有设施、类型、额定容量及设施在土地登记中和商业地图上的水力连接点的纸质记录。受服务的地理区域与普查数据之间具有充分的关联性	0.9
4	有设施与连接点、每日消耗量与处理量的电子记录，且记录保存在了最新的地理信息系统中。受服务的地理区域与普查数据之间具有充分的关联性	1

表 8

	可靠性等级	因数
1	无法验证设施是否存在	0
2	设施确实存在且可见，通过核实可证实其具备指定的特性；受评估的水务公司经授权使用该设备（财产、租赁或特许协议）	0.6
3	在满足了第 2 级要求的基础上，公司已制定操作规程并培训出了负责使用与维护设施的人员	0.7
4	在满足了第 2 和第 3 级要求的基础上，根据制定的规程可证实所有设备正常运行	0.95
5	除了满足第 2、第 3 和第 4 级的要求外，根据认证标准，至少对内审而言，这是设施审计的一部分	1

表 9

	可靠性等级	因数
1	没有记录	0
2	未经过质量控制的抽样与分析记录在未签名的文件中	0.33
3	经过可溯性标准评估和质量控制的抽样与分析记录在已签名的文件中	0.8
4	经过可溯性标准评估和质量控制的抽样与分析记录在已签名的文件中。样本与人口（或相对应的财产）由一套可靠的系统相关联	1

表 10

	可靠性等级	因数
1	没有记录	0
2	有样本、分析和消费区域等信息的纸质记录	0.5
3	有以下最新信息的电子记录并保存在地理信息系统中：设施及连接点、样本及分析、质量要求、执行分析工作的实验室的评审	1

表 11

	可靠性等级	因数
1	没有目前适用的支持性文件	0
2	有目前适用的支持性文件，但没有其应用的书面证据	0.5
3	有目前适用的支持性文件及其在评估日或评估日前两年中的某一年间应用的书面说明	1

表 12

	可靠性等级	因数
1	没有形成文件的记录	0
2	有以下信息的纸质记录：“小事故”、投诉、计划性服务暂停和服务中断（及对受影响财产的数量的估计）	0.5
3	地理信息系统中记录了以下信息：“小事故”、投诉、计划性服务暂停和服务中断（及对受影响财产的数量的估计）	0.8
4	地理信息系统中记录了以下信息：“小事故”、投诉、计划性服务暂停和服务中断（及受影响的财产的精确数量）	1

术语：小事故

表 13

	可靠性等级	因数
1	除普查数据外没有其他形成文件的记录	0
2	有受服务的用户和财产的纸质记录	0.5
3	存有用户的电子记录，表明所有用户的类型和财产情况	0.8
4	地理信息系统中记录了连接方式，表明相关的财产和分配管网的连接以及“小事故”管理系统	1

术语：小事故

表 14

	可靠性等级	因数
1	没有形成文件的记录	0
2	有申请、已完成的连接点和服务可达性的纸质记录	0.7
3	有申请、已完成的连接点和服务可达性的电子记录	0.9
4	有申请、处理、完成和服务可达性的通告的电子记录	1

表 15

	可靠性等级	因数
1	没有记录。以估算的数据为依据	0
2	有收据和处理流程的纸质记录	0.5
3	有收据和处理流程的（包括文字和数据）电子记录	0.8
4	以地理信息系统为参照的电子记录并与“小事故”和工作管理系统相关联	1

术语：小事故

表 16

	可靠性等级	因数
1	没有记录。以估算的数据为依据	0
2	有流程、解决方案的工作顺序和用户通告的纸质记录	0.5
3	有工作执行顺序的电子记录	0.8
4	有工作执行顺序和用户通告的电子记录；记录包括地理信息系统参考并与用户管理系统相关联	1

表 18

	可靠性等级	求和
1	调查对于用户群体具有代表性	0.4
2	调查方法是稳定的、可重复的	0.2
3	调查由具备适用的“专业技术”的团体或机构实施	0.2
4	调查由第三方实施	0.2

术语：专业技术

表 19

	可靠性等级	求和
1	调查对象为曾受某种问题困扰的用户，或者为该类用户的代表性样本	0.4
2	调查方法是稳定的、可重复的	0.2
3	调查由具备适用的“专业技术”的团体或机构实施	0.2
4	调查由第三方实施	0.2

术语：专业技术

表 20

	可靠性等级	因数
1	没有“投诉”记录	0
2	有所有“投诉”的纸质记录	0.7
3	有“投诉”的电子记录	1

术语：客户服务投诉

表 21

	可靠性等级	因数
1	没有记录	0
2	有纸质记录	0.4
3	有未与会计系统相关联的电子记录	0.8
4	有与会计系统相关联的电子记录	1

表 22

	可靠性等级	因数
1	没有记录	0
2	有由话务员保存的手写/纸质记录	0.6
3	配备了呼叫等待管理系统的中央电话总机（PBX）	1

表 23

	可靠性等级	因数
1	没有记录	0
2	在整个营业时段对等待时间进行“实时”电子监控，但未根据咨询类型对监控记录进行分类	0.67
3	在整个营业时段对等待时间进行“实时”电子监控，且根据咨询类型对监控记录进行了分类	1

术语：实时

表 24

	可靠性等级	因数
1	没有记录	0
2	有纸质记录	0.8
3	有电子记录	0.95
4	有电子记录，且记录包含用户对问题的解决发出通告的证据	1

表 25

	可靠性等级	因数
1	没有文件	0
2	现有文件是在 5 年前批准的	0.5
3	现有文件是在近 5 年内批准的	1

表 26

	可靠性等级	因数
1	没有形成文件的图纸	0
2	现有的形成文件的图纸是在 5 年前批准的	0.3
3	现有的形成文件的图纸是在近 5 年内批准的，但仅实现了文件确立的部分重点	0.7
4	现有的形成文件的图纸是在近 5 年内批准的，且实现了文件确立的所有重点	1

表 27

	可靠性等级	因数
1	无法得到证实	0
2	有证实其已获得主管部门批准的书面证据	1

表 29

	可靠性等级	因数
1	没有投资计划、项目、合同和执行的记录	0
2	仅有工程或投资计划的大体记录	0.3
3	仅有工程和投资成本的部分信息或数据库呈碎片化。没有支持性文件	0.5
4	数字化综合信息系统中有与工程计划及其成本有关的所有信息，但仅有部分支持性文件或支出信息与会计记录不“一致”	0.7
5	数字化综合信息系统中有与投资计划、工程和工作有关的所有信息和所有支持性文件（合同、实物和财务上的落实等）；支出信息与会计记录相“一致”	1

术语：非源于财务报表的财务信息的一致性

表 30

	可靠性等级	因数
1	没有支持性文件。仅有一份不构成投资计划的工作列表	0
2	具有“有效”的投资计划，现有的文件是在5年前批准的	0.3
3	具有“有效”的投资计划，现有的文件是在近5年内批准的，但文件包含对PE1.1类实践的不完整说明	0.7
4	“有效”的投资计划现有的支持性文件是在近5年内批准的，并且文件包含对PE1.1类实践的完整说明	1

术语：有效（投资计划有效）

表 31

	可靠性等级	因数
1	没有最终成本信息或在评估日前一年间判定为“已完成的工作”的成本信息的系统化数据记录	0
2	相关信息记录不完整或者保存在分散的数据库中，且没有支持性文件	0.5
3	所有相关信息保存在一套综合数字记录系统中，但系统保存的支持性文件不完整或“已完成的工作”的成本信息与会计记录不“一致”	0.7
4	有一套综合数字记录系统，其包括“已完成的工作”的相关信息。系统保存了支持性文件（合同、实物计划与财务计划的执行等），且“已完成的工作”的成本信息与会计记录相“一致”	1

术语：已完成的工作，非源于财务报表的财务信息的一致性

表 32

	可靠性等级	因数
1	没有以下信息的系统化数据记录：评估日前一年间工作的实际实施时间安排或判定“已完成的工作”的时段的实施时间安排	0
2	相关信息记录不完整或者保存在分散的数据库中。没有支持性文件	0.5
3	所有相关信息保存在一套综合数字记录系统中，但系统保存的支持性文件不完整	0.7
4	与评估日前一年间“已完成的工作”的实施时间安排相关的信息保存在一套综合数字记录系统中。系统保存了支持性文件（合同、实物计划与财务计划的执行等）	1

术语：已完成的工作

表 33

	可靠性等级	因数
1	无法验证文件或文件是在 4 年前批准的	0
2	有在 3～4 年前批准的可用文件	0.5
3	有在近 3 年内批准的可用文件，但在评估日不是最新文件	0.7
4	有在近 3 年内批准的可用文件，且在评估日为最新文件	1

表 34

	可靠性等级	因数
1	无法验证	0
2	战略计划的方针阐述了固定资产管理的相关内容，并且机构中的某个单位具备执行相关工作的职能	0.6
3	战略计划的方针与目标阐述了固定资产管理的相关内容，并且机构中目前专门设有负责执行相关的工作的部门	1

表 35

	可靠性等级	因数
1	无以下信息的独立的会计记录：投资于替换固定实物资产的支出或投资于固定实物资产的“预防性”/“改善性”维护的支出；数据或来源于不完整/未经审计的财务报表或来源于审计师对与该指标相关的部分拒绝表示意见或表示否定意见的已审计的财务报表	0
2	有投资于替换固定实物资产的支出或投资于固定实物资产的“预防性”/“改善性”维护的支出的独立的会计记录，并且财务报表已经注册或非注册外部审计师审计；但这些支出的定义或识别标准不符合《国际会计标准》（IAS 16）确定的准则或审计师在报告中对该指标表示保留意见	0.3
3	有投资于替换固定实物资产的支出或投资于固定实物资产的“预防性”/“改善性”维护的支出的独立的会计记录，并且这些支出的定义或识别标准符合《国际会计标准》（IAS 16）确定的准则；但无法验证其与经注册或非注册外部审计师审计的财务报表的“一致性”<－90	0.5
4	有投资于替换固定实物资产的支出或投资于固定实物资产的“预防性”/“改善性”维护的支出的独立的会计记录；这些支出的定义或识别标准符合《国际会计标准》（IAS 16）确定的准则且金额与经非注册外部审计师审计并没有针对该指标拒绝表达意见的财务报表相“一致”	0.7
5	有投资于替换固定实物资产的支出或投资于固定实物资产的“预防性”/“改善性”维护的支出的独立的会计记录；这些支出的定义或识别标准符合《国际会计标准》（IAS 16）确定的准则且金额与经注册外部审计师审计并没有针对该指标拒绝表达意见的财务报表相“一致”	0.8
6	有投资于替换固定实物资产的支出或投资于固定实物资产的“预防性”/“改善性”维护的支出的独立的会计记录；这些支出的定义或识别标准符合《国际会计标准》（IAS 16）确定的准则且金额与经非注册外部审计师审计并对与该指标相关的部分表示无保留意见的财务报表相“一致”	0.9
7	有投资于替换固定实物资产的支出或投资于固定实物资产的“预防性”/“改善性”维护的支出的独立的会计记录；这些支出的定义或识别标准符合《国际会计标准》（IAS 16）确定的准则且金额与经注册外部审计师审计并对与该指标相关的部分表示无保留意见的财务报表相“一致”	1

术语：预防性维护，设备维修保养，注册外部审计师，由《国际会计标准》（IAS 16）确立的准则，非源于财务报表的财务信息的一致性

表 36

	可靠性等级	因数
1	财务报表不完整或未经审计，或者已经审计但审计师对与固定实物资产相关的部分拒绝表示意见或表示反对意见	0
2	财务报表经注册或非注册外部审计师审计，包含审计师对固定实物资产表示的保留意见或与财务报表相“一致”的辅助记录	0.3
3	财务报表经注册或非注册外部审计师审计，包含审计师出示的与固定实物资产无关的拒绝表示意见书或与财务报表相“一致”的辅助记录。确定固定实物资产价值的标准是建立在收购成本模式（由《国际会计标准》确立的适用模式之一）之上的	0.5
4	财务报表经注册或非注册外部审计师审计，包含审计师出示的与固定实物资产无关的拒绝表示意见书或与财务报表相“一致”的辅助记录。确定固定实物资产价值的标准是建立在重估价模式（由《国际会计标准》确立的另一种模式）之上的	0.6
5	财务报表经非注册外部审计师审计，包含审计师对固定实物资产表示的无保留意见或与财务报表相“一致”的辅助记录。确定固定实物资产价值的标准是建立在收购成本模式（由《国际会计标准》确立的适用模式之一）之上的	0.7
6	财务报表经注册外部审计师审计，包含审计师对固定实物资产表示的无保留意见或与财务报表相“一致”的辅助记录。确定固定实物资产价值的标准是建立在收购成本模式（由《国际会计标准》确立的适用模式之一）之上的	0.8
7	财务报表经非注册外部审计师审计，包含审计师对固定实物资产表示的无保留意见或与财务报表相“一致”的辅助记录。确定固定实物资产价值的标准是建立在重估价模式（由《国际会计标准》确立的另一种模式）之上的	0.9
8	财务报表经注册外部审计师审计，包含审计师对固定实物资产表示的无保留意见或与财务报表相“一致”的辅助记录。确定固定实物资产价值的标准是建立在重估价模式（由《国际会计标准》确立的另一种模式）之上的	1

术语：注册外部审计师，非源于财务报表的财务信息的一致性

表 37

	可靠性等级	因数
1	实践未形成文件，或已形成文件但是在 3 年前评审和/或更新的	0
2	实践已形成文件，且有证据表明该文件是在评估日前第三年中评审和/或更新的	0.5
3	实践已形成文件，且有证据表明该文件是在评估日前第二年中评审和/或更新的	0.7
4	实践已形成文件，且有证据表明该文件是在评估日或评估日前一年中评审和/或更新的	0.9
5	实践已形成文件，且有证据表明该文件是在评估日、评估日前一年中或评估日前第二年中评审和/或更新的	1

表 38

	可靠性等级	因数
1	实践未形成文件，或已形成文件但是在 3 年前评审和/或更新的	0
2	实践已形成文件，且有证据表明在评估日前第三年中进行了该文件的评审和/或更新	0.5
3	实践已形成文件，且有证据表明在评估日前第二年中进行了该文件的评审和/或更新、实施或与投资计划（如适用）的合并	0.7
4	实践已形成文件，且有证据表明在评估日或评估日前一年中进行了该文件的评审和/或更新、实施或与投资计划（如适用）的合并	0.9
5	实践已形成文件，且有证据表明在评估日、评估日前一年中或评估日前第二年中进行了该文件的评审和/或更新、实施或与投资计划（如适用）的合并	1

表 39

	可靠性等级	因数
1	数据为估计值，公司会计系统内无任何支持信息	0
2	数据为以水务公司会计系统记录的某些一般支出的事后分类或其他充实的文件为基础计算出的估计值	0.6
3	数据来源于划分出了研究与发展成本的公司会计系统，但财务报表未经外部审计师审计	0.7
4	数据来源于划分出了研究与发展成本（成本中心与成本类型）的公司会计系统，但无法验证其与经（注册或非注册）外部审计师审计的财务报表的信息的“一致性”	0.8
5	数据来源于划分出了研究与发展成本的公司会计系统且与经非注册外部审计师审计的财务报表的信息相“一致”	0.9
6	数据来源于划分出了研究与发展成本的公司会计系统且与经注册外部审计师审计的财务报表的信息相“一致”	1

术语：注册外部审计师，非源于财务报表的财务信息的一致性

表 40

	可靠性等级	因数
1	没有计量或微观计量记录	0
2	以一年至少一次的频率记录计量读数	0.33
3	以每季度至少一次的频率记录计量读数。实际读数（而非预测读数）占总读数的比例高于90%	0.9
4	以每两个月至少一次的频率记录计量读数。实际读数（而非预测读数）占总读数的比例高于90%。可通过系统的实践验证计量的可靠性	1

表 41

	可靠性等级	因数
1	没有取水口或引入系统的水流的精确记录	0
2	以每年至少一次的频率记录从所有的“接入点”进入“系统”的水流的测量数据	0.25
3	以每月至少一次的频率记录从所有的“接入点”进入“系统”的水流的测量数据	0.75
4	通过远程监控系统以每天至少一次的频率记录从所有的“接入点”进入“系统”的水流的测量数据	0.9
5	通过远程监控系统以每天至少一次的频率记录从所有的“接入点”进入“系统”的水流的测量数据。测量设备有配套的校准措施	1

术语：系统，饮用水供应系统接入点

表 42

	可靠性等级	因数
1	实际损失未以以下任何信息为基础进行估算：进入“系统”的水流的数据；通过测量得到的个体耗水量（或基于一个代表性的统计基础计算得出的量）；用于计算不受控制的水组分的标准	0
2	基于水平衡和不受控制的水组分数据，以每年至少一次的频率估算整个系统的实际损失	0.5
3	基于水平衡和不受控制的水组分数据，以每月至少一次的频率估算整个系统的实际损失，且估算数据可由形成文件的标准或经验参考证实	0.9
4	估算值是基于水平衡和不受控制的水组分数据得出的，估算数据可由形成文件的标准、经验参考或通过比较部门等同读表期供给与消费的水量证实	1

术语：系统

表 43

	可靠性等级	因数
1	没有形成文件的记录	0
2	公司管理下的管网地图绘制在了图纸上	0.3
3	公司管理下的管网信息保存在了地理信息系统中；未建立系统性的维护和更新信息的程序	0.8
4	公司管理下的管网信息保存在了地理信息系统中；已建立了系统性的维护和更新信息的程序	1

表 44

	可靠性等级	因数
1	没有形成文件的记录	0
2	公司管理下的管网地图绘制在了图纸上	0.33
3	有公司管理下的管网和连接点的电子记录；未建立系统性的维护和更新信息的程序	0.66
4	公司管理下的管网和连接点信息保存在了地理信息系统中；对于与用户管理相连的信息已建立了系统性的维护和更新信息的程序	1

表 45

	可靠性等级	因数
1	没有操作记录	0
2	有在设施上进行的所有操作的记录，但记录中没有操作的持续时间或预计使用量的数据	0.5
3	有在设施上进行的所有操作的记录，包括操作的持续时间或预计使用量的数据	0.9
4	有在设施上进行的所有操作的记录，包括以标准测定、工作压力和排水规模为证据的操作的持续时间和估算数据	1

表 46

	可靠性等级	因数
1	没有中水或回用水的水量记录	0
2	有污水回收站回收水的水量记录和测量值，但没有终端目的地消耗的测量值	0.8
3	有包括终端目的地消耗的测量值在内的回收水量的记录和测量值	1

表 47

	可靠性等级	因数
1	没有证据	0
2	有评估日或评估日前 4 年中某一年间的证据	1

表 48

	可靠性等级	因数
1	没有能源消耗记录	0
2	有以“系统”整体记录为依据的所有污水处理厂的整体能源消耗记录	0.33
3	有每个污水处理厂的能源消耗记录	0.9
4	有每个污水处理厂的能源消耗记录并汇入公开发表的文件或报告书中	1

术语：系统

表 49

	可靠性等级	因数
1	没有入厂水流和出厂水流中污染物负荷的记录	0
2	仅记录了所有污水处理厂在一年中的部分时间的入厂水流和出厂水流中的污染物负荷	0.33
3	所有污水处理厂的入厂水流和出厂水流中的污染物负荷是以每月一次的频率记录的	0.9
4	所有污水处理厂的入厂水流和出厂水流中的污染物负荷是以每周一次或更高的频率记录的	1

表 50

	可靠性等级	因数
1	没有形成文件的记录	0
2	有破裂、“小事故”和修理信息的纸质记录	0.33
3	有破裂、“小事故”和修理信息的电子记录	0.66
4	分配性基础设施、破裂、“小事故”和修理信息根据类型、起因和责任，分类记录在地理信息系统中	1

术语：小事故

表 51

	可靠性等级	因数
1	没有形成文件的记录	0
2	有破裂、“小事故”和修理信息的纸质记录	0.33
3	有破裂、“小事故”和修理信息的电子记录	0.66
4	连接点、分配性基础设施、破裂、“小事故”和修理信息根据类型、起因和责任，分类记录在地理信息系统中	1

术语：小事故

表 52

	可靠性等级	因数
1	没有记录	0
2	有“小事故”的纸质记录	0.33
3	有“小事故”的电子记录	0.8
4	“小事故”和预警的记录保存在了地理信息系统中，可通过小事故与预警管理中心访问该系统	1

术语：小事故

表 53

	可靠性等级	因数
1	计划无法得到证实或是在 5 年前批准的	0
2	计划已形成文件，但是在近 4～5 年内批准的	0.5
3	计划已形成文件且是在近 4 年内批准的	1

表 54

	可靠性等级	因数
1	无法得到证实，或有证据表明在指定层仅有不超过 20%的员工参与了某项工作	0
2	有证据表明在指定层有 20%～50%的员工参与了某项工作	0.5
3	有证据表明在指定层有超过 50%的员工参与了某项工作	0.8
4	有证据表明在指定层有超过 80%的员工参与了某项工作	1

表 55

	可靠性等级	因数
1	无法得到证实	0
2	在计划是在 3 年前批准的情况下，有书面证据表明该计划在评估日前 3 年中的至少某一年间进行了评审	0.7
3	在计划是在 2 年前批准的情况下，有书面证据表明该计划在评估日前一年间进行了评审	0.9
4	在计划是在 2 年前批准的情况下，有书面证据表明该计划在评估日前 2 年间进行了评审；若计划是在近 2 年内或者在评估日前一年形成的，有书面证据表明该计划在评估日前一年间进行了评审	1

表 56

	可靠性等级	因数
1	没有支持性文件	0
2	有支持性文件	1

表 57

	可靠性等级	因数
1	没有支持性文件	0
2	有支持性文件，但没有这些文件应用的证据	0.5
3	有支持性文件和这些文件应用的证据	1

表 58

	可靠性等级	因数
1	无法得到证实	0
2	已形成文件，但没有其在评估日前 6 个月内的常规应用的证据	0.5
3	已形成文件且有其在评估日前 6 个月内的常规应用的证据	0.9
4	已形成文件且有其在评估日及评估日前一年间的常规应用的证据	0.95
5	已形成文件且有其在评估日及评估日前两年间的常规应用的证据	1

表 59

	可靠性等级	因数
1	无法得到证实	0
2	在一份列表中逐条列出了用于质量控制的指标以及各个指标的目标和计算公式；文件描述了“管理控制系统”采用的指标，但未提供证实各指标实际应用的证据	0.5
3	有管理指标在评估日受到了评估的证据，但没有描述“管理控制系统”的文件	0.7

续表

	可靠性等级	因数
4	文件中描述了“管理控制系统”采用的指标，详细说明了每个指标的目标、证实、计算公式、中介变量和信息来源，并提供了证实这些指标在评估日进行了评估的证据	0.9
5	文件中描述了“管理控制系统”采用的指标，详细说明了每个指标的目标、实证、计算公式、中介变量和信息来源，并提供了证实这些指标在评估日和评估日前一年间进行了评估的证据	0.95
6	文件中描述了“管理控制系统”采用的指标，详细说明了每个指标的目标、实证、计算公式、中介变量和信息来源，并提供了证实这些指标在评估日和评估日前两年间进行了评估的证据	1

术语：管理控制系统

表 60

	可靠性等级	因数
1	没有可用的信息	0
2	由公司编写评估日前一年度的目标达成报告；报告没有任何实证或支持性文件支撑	0.5
3	由公司编写评估日前一年度的目标达成报告；报告包含实证或支持性文件	0.9
4	评估日前一年度的目标达成报告由“董事会”或一个独立实体认证	1

术语：董事会

表 61

	可靠性等级	因数
1	无法得到验证	0
2	会议纪要、会议总结或其他媒介中有相关证据可证实计划至少是在评估日前 3 个月中的某个月（在由首席执行官执行认证工作的情况下）或一个季度中（在由董事会执行认证工作的情况下）的某个月中实行的	0.6
3	会议纪要、会议总结或其他媒介中有相关证据可证实计划至少是在评估日前 3 个月中的两个月（在由首席执行官执行认证工作的情况下）或一个季度中（在由董事会执行认证工作的情况下）的两个月中实行的	0.9
4	会议纪要、会议总结或其他媒介中有相关证据可证实计划至少是在评估日前 3 个月间（在由首席执行官执行认证工作的情况下）或一个季度间（在由董事会执行认证工作的情况下）实行的	1

术语：董事会

表 62

	可靠性等级	因数
1	没有一份详细的公司组织结构图	0
2	有一份详细到单位层次的公司组织结构图，但无法验证其内容是否与来自于其他渠道的信息相一致	0.5
3	有一份详细到单位层次的公司组织结构图，且其内容与对应手册的职位描述（如适用）和人力资源信息系统记录的职位列表的一致度达到 80%以上	0.8
4	有一份详细到单位层次的公司组织结构图，且其内容与对应手册的职位描述（如适用）和人力资源信息系统记录的职位列表完全一致	1

表 63

	可靠性等级	因数
1	没有支持性文件	0
2	手册的内容至少包含对职能、职责和权限的描述	0.5
3	手册的内容包含对实践提及的所有方面的描述	1

表 64

	可靠性等级	因数
1	没有记录	0
2	有评估日前一年的记录，但无法验证记录数据与人力资源信息系统中的数据是否一致	0.5
3	有评估日前一年的季度记录，且记录数据与人力资源信息系统中的数据相一致	0.7
4	有评估日前一年的月度记录，且记录数据与人力资源信息系统中的数据相一致	0.8
5	有评估日前两年的季度记录，且记录数据与人力资源信息系统中的数据相一致	0.9
6	有评估日前两年的月度记录，且记录数据与人力资源信息系统中的数据相一致	1

表 65

	可靠性等级	因数
1	无法得到证实	0
2	每个员工具备各自的简历	0.8
3	每个员工具备各自的简历；简历内容由相应证书支持	1

表 66

	可靠性等级	因数
1	无法得到证实	0
2	有证据表明该实践在评估日前 5 年内实行了至少 1 次	0.7
3	有证据表明该实践在评估日前 5 年内实行了至少 2 次	0.9
4	有证据表明该实践在评估日前 5 年内实行了至少 3 次	1

表 67

	可靠性等级	因数
1	无法得到证实	0
2	实践已形成文件，但没有其在评估日或评估日前一年间实行的证据	0.5
3	实践已形成文件并且有其在评估日前一年间实行的证据	0.8
4	实践已形成文件并且有其在评估日实行的证据	0.9
5	实践已形成文件并且有其在评估日和评估日前一年间实行的证据	1

表 68

	可靠性等级	因数
1	没有记录	0
2	仅有大体记录。记录中表明了择优聘用的员工的总数	0.4
3	有所有聘用的员工的详细记录。记录表明了招聘日期和招聘流程，但未提供相关证据	0.8
4	有包括书面证实和竞争性招聘流程的结果在内的详细记录	1

表 69

	可靠性等级	因数
1	没有记录	0
2	仅有标明了聘用的员工总数的大体记录	0.4
3	有所有聘用的员工的详细记录，但没有支持性证据	0.8
4	有所有聘用的员工的详细记录；记录以人力资源信息系统的登记为支持	1

表 70

	可靠性等级	因数
1	没有记录	0
2	仅有标明了参与“培训课程”的员工总数的大体记录	0.4
3	有“培训课程”的员工参与情况和每个课程的时长的详细记录，但是没有支持文件	0.8
4	有“培训课程”的员工参与情况的详细记录；记录以档案或认证证书为支持	1

术语：培训课程

表 71

	可靠性等级	因数
1	没有记录	0
2	有包含公司员工总数、新聘用员工和离职员工数量的年度报告。报告内容以合同类型为依据进行分类	0.4
3	有包含公司员工总数、新聘用员工和离职员工数量的季度报告。报告内容以人力资源信息系统提供的数据作为支持依据，根据合同类型（永久、临时或其他）进行分类	0.8
4	有包含公司员工总数、新聘用员工和离职员工数量的月度报告。报告内容以人力资源信息系统提供的数据作为支持依据，根据合同类型（永久、临时或其他）进行分类	1

表 72

	可靠性等级	因数
1	没有记录	0
2	仅有任职在“关键职位”、符合相应的“职位描述”的员工数量的大体记录	0.4
3	有任职在“关键职位”、符合相应的“职位描述”的员工数量的详细记录，但没有适用的支持性文件	0.8
4	有任职在“关键职位”、符合相应的“职位描述”的员工数量的详细记录，记录内容由评估任职在“关键职位”的员工符合相应的“职位描述”的程度的研究支撑。该研究必须是在近 3 年内开展的，并且根据“职位描述”的改变或任职在“关键职位”的人员的变动进行了更新	1

术语：关键职位，职位描述

表 73

	可靠性等级	因数
1	没有记录	0
2	仅有任职在“关键职位”的员工总数的大体记录	0.4
3	有对“关键职位”和任职在这些职位的员工的详细记录，但没有适用的支持性文件	0.8
4	有对“关键职位”和任职在这些职位的员工的详细记录，记录内容以包含“职位描述”手册作为支持依据	1

术语：关键职位，职位描述

表 74

	可靠性等级	求和
1	无法验证系统的存在	0
2	文件描述了系统的存在；相关手册中描述了有关系统的使用和维护的内容。在公司使用由政府提供的系统的情况下，不强制要求手册内容包含系统维护准则	0.25
3	已培训出负责使用和维护系统的员工	0.25
4	系统已永久性地载入所有相关的工作站	0.25
5	有招标者系统地使用了商品和服务采购系统的记录	0.25

表 75

	可靠性等级	因数
1	没有记录	0
2	仅有由“公开招标”产生的采购总值的大体记录	0.4
3	有（由或不由公开招标产生的）所有采购总值和采购流程的详细记录，但没有适用的支持性文件	0.8
4	有详细记录和支持性文件	1

术语：公开招标

表 76

	可靠性等级	因数
1	没有记录	0
2	仅有采购总值的大体记录	0.4
3	有所有采购总值和采购流程的详细记录，但没有适用的支持性文件	0.8
4	有详细记录和支持性文件	1

表 77

	可靠性等级	因数
1	没有记录	0
2	仅有“成功”公开邀请到的投标单位总数的大体记录	0.4
3	有所有“公开”邀请到的投标单位的详细记录，包括投标单位的数量、评标程序和投标单位是否被授予合同，但没有适用的支持性文件	0.8
4	有详细记录和支持性文件	1

术语：公开招标，成功招标

表 78

	可靠性等级	因数
1	没有记录	0
2	仅有“公开”邀请到的投标单位总数的大体记录	0.4
3	有所有“公开”邀请到的投标单位的详细记录，包括投标单位的数量、评标程序和投标单位是否被授予合同，但没有适用的支持性文件	0.8
4	有详细记录和支持性文件	1

术语：公开招标

表 79

	可靠性等级	因数
1	没有记录	0
2	仅有在不超出法定的“最短招标期限”5%的时间范围内邀请到的投标单位总数的大体记录	0.4
3	有所有邀请到的投标单位的详细记录。记录内容包括招标时间表和该时间表超出法定的“最短招标期限”的百分比，但没有支持性文件	0.8
4	有详细记录且可由证实文件或邀请到的每个投标单位的记录证实	1

术语：最短招标期限

表 80

	可靠性等级	因数
1	没有记录	0
2	仅有公开邀请到的投标单位总数的大体记录，未详细说明该过程的时间安排	0.4
3	有所有邀请到的投标单位的详细记录。记录内容包括招标时间表和该时间表超出法定的“最短招标期限”的百分比，但没有支持性文件	0.8
4	有详细记录且可由证实文件或邀请到的每个投标单位的记录证实	1

术语：最短招标期限

表 81

	可靠性等级	因数
1	没有记录	0
2	有一份饮用水和污水连接点数量的报告。报告内容无法核实或以一份过期的登记表或记录（没有更新登记表的有效程序，或者在两年内未对连接点进行普查）为支持性文件	0.4
3	有饮用水和污水连接点数量的季度报告。报告内容以一份最新的登记表或记录（登记表或记录符合实践 FS3.1.2 的要求）为支持性文件	0.8
4	有饮用水和污水连接点数量的月度报告。报告内容以一份最新的登记表或记录（登记表或记录符合实践 FS3.1.2 的要求）为支持性文件	1

表 82

	可靠性等级	因数
1	以下信息未建专门会计记录：管理和销售费用，来自于不完整或未经审计的财务报表的信息，或者来自于已审计但审计师拒绝表示意见或表示反对意见的财务报表的信息	0
2	信息来源为经非注册外部审计师审计并对与该指标相关的部分表示保留意见的财务报表，或者为与财务报表“一致”的辅助性会计记录	0.3
3	信息来源为经注册外部审计师审计并对与该指标相关的部分表示保留意见的财务报表，或者为与财务报表“一致”的辅助性会计记录	0.4
4	信息来源为经非注册外部审计师审计并对该指标表示无保留意见或表示与该指标无关的保留意见的财务报表，或者为与财务报表“一致”的辅助性会计记录	0.8
5	信息来源为经注册外部审计师审计并对该指标表示无保留意见或表示与该指标无关的保留意见的财务报表，或者为与财务报表“一致”的辅助性会计记录	1

术语：注册外部审计师，非源自财务报表的财务信息的一致性

表 83

	可靠性等级	因数
1	实践未形成文件	0
2	有形成文件的一套程序，但没有该程序实际应用的证据	0.5
3	有形成文件的一套程序和适用的“总长期成本”研究和/或工作表	0.7
4	有形成文件的一套程序和适用的收费表研究和/或工作表（包括详细的“总长期成本”）。价格计算模型和通过其计算得出的结果由一个外部团体进行评审	0.8
5	有形成文件的一套程序和适用的收费表研究和/或工作表（包括详细的“总长期成本”）。价格计算模型和通过其计算得出的结果由管理部门批准，或在适用的情况下，由一个独立的外部团体审计	1

术语：总长期成本

表 84

	可靠性等级	因数
1	实践未形成文件	0
2	有一套形成文件的索引机制，但其实际应用无法得到证实	0.4
3	有证据表明该索引机制已在近一个应启用该机制的场合得到应用	0.8
4	有证据表明该索引机制已在近两个应启用该机制的场合得到应用	0.95
5	有证据表明该索引机制已在近三个应启用该机制的场合得到应用	1

表 85

	可靠性等级	因数
1	实践未形成文件	0
2	根据服务类型或“系统”、服务地区或区域而制定差异化价格	0.5
3	根据服务类型和“系统”，服务地区或区域而制定差异化价格	1

术语：系统

表 86

	可靠性等级	因数
1	无法得到证实	0
2	评估日前一年（对于实践 5）或一个月（对于实践 6）的财务报告可供使用	0.5
3	评估日前两年（对于实践 5）或若干月（对于实践 6）的财务报告可供使用	0.9
4	评估日前至少三年（对于实践 5）或至少若干月（对于实践 6）的财务报告可供使用	1

表 87

	可靠性等级	因数
1	没有财务预测	0
2	文件或电子数据表中包含对未来五年或更远期的最新的财务预测，但未提供预测依据或支撑预测数据的计算方法	0.5
3	文件或电子数据表中包含对未来五年或更远期的最新的财务预测与预测依据，但未提供支撑预测数据的计算方法或收入、开支、现金流出量的详细预测	0.6
4	文件或电子数据表中包含对未来五年或更远期的最新的财务预测与预测依据及支持性文件，但未包括详细的预测数量及收入、开支、现金流出量	0.7
5	文件或电子数据表中包含对未来五年或更远期的最新的财务预测与预测依据，以及支持性文件与收入、开支、每年现金流出量的详细预测和报价	1

表 88

	可靠性等级	因数
1	财务报表不完整或未经审计，或财务报表已经审计，且审计师对其拒绝表示意见或表示反对意见	0
2	财务报表经“非注册外部审计师”审计，且审计师对与该指标相关的部分表示保留意见	0.3
3	财务报表经“注册外部审计师”审计，且审计师对与该指标相关的部分表示保留意见	0.4
4	财务报表经“非注册外部审计师”审计，且审计师对其表示无保留意见或与该指标无关的保留意见	0.8
5	财务报表经“注册外部审计师”审计，且审计师对其表示无保留意见或与该指标无关的保留意见	1

术语：注册外部审计师

表 89

	可靠性等级	因数
1	实践未形成文件	0
2	实践已形成文件，但没有该实践实际应用的证据	0.5
3	实践已形成文件，并且有该实践在进行评估的年份或评估日前一年间实际应用的证据	1

表 90

	可靠性等级	因数
1	实践未形成文件	0
2	有实践的手册或条例，但没有记录显示手册或条例通过了批准	0.5
3	有实践的手册或条例，且有证据表明手册或条例由高级管理层批准	0.8
4	有实践的手册或条例，且有证据表明手册或条例由“董事会”批准	1

术语：董事会

表 93

	可靠性等级	因数
1	无法得到证实	0
2	实践已形成文件，但没有该实践实际应用的证据	0.5
3	有该实践在评估日前的一个账单周期中实际应用的证据	0.8
4	有该实践在评估日前的 3 个账单周期中实际应用的证据	0.9
5	有该实践在评估日前的 6 个账单周期中实际应用的证据	1

表 94

	可靠性等级	因数
1	无法得到证实	0
2	实践已形成文件，但没有该实践实际应用的证据	0.5
3	实践已形成文件，并且有实践在评估日前的一个账单周期中实际应用的证据	0.7
4	实践已形成文件，并且有该实践在评估日前的 3 个账单周期中实际应用的证据	1

表 95

	可靠性等级	因数
1	无法得到证实	0
2	实践已形成文件，但没有该实践实际应用的证据	0.5
3	实践已形成文件，并且有该实践在评估日实际应用的证据	1

表 96

	可靠性等级	因数
1	无法得到证实	0
2	实践已形成文件，并且有该实践在评估日实际应用的证据	1

表 97

	可靠性等级	因数
1	无法得到证实	0
2	实践已形成文件，但没有该实践实际应用的证据	0.5
3	有证据表明公司在评估日前一个月中实行了应对至少一种形式的水漏失的政策。在预计由用户造成的漏失水量占未计费水量的比例超过10%的情况下，有证据表明公司在评估年份执行了一套或在上一年份执行了2套检测非法连接点的程序	0.7
4	有证据表明公司在评估日前一个月中实行了应对至少两种形式的水漏失的政策。在预计由用户造成的漏失水量占未计费水量的比例超过10%的情况下，有证据表明公司在评估年份执行了2套或在上一年份执行了3套检测非法连接点的程序	0.9
5	有证据表明公司在评估日前一个月中全面实行了应对水漏失的政策。在预计由用户造成的漏失水量占未计费水量的比例超过10%的情况下，有证据表明公司在评估年份执行了3套或在上一年份执行了4套检测非法连接点的程序	1

表 98

	可靠性等级	因数
1	没有记录	0
2	有纸质记录	0.5
3	有与会计系统无关联的电子记录	0.8
4	有与会计系统相关联的电子记录	1

表 99

	可靠性等级	因数
1	财务报表不完整或未经审计，或财务报表经审计且审计师对其拒绝表示意见或表示反对意见	0
2	财务报表经“非注册外部审计师”审计，并对与该指标相关的部分表示保留意见，或者补充性会计信息与财务报表相一致	0.3
3	财务报表经“注册外部审计师”审计，并对与该指标相关的部分表示保留意见，或者补充性会计信息与财务报表相一致	0.4
4	财务报表经“非注册外部审计师”审计，得到了审计师表示的无保留意见或与该指标无关的保留意见，或者补充性会计信息与财务报表相一致	0.8
5	财务报表经“注册外部审计师”审计，得到了审计师表示的无保留意见或与该指标无关的保留意见，或者补充性会计信息与财务报表相一致	1

术语：注册外部审计师，非源自财务报表的财务信息的一致性

表 100

	可靠性等级	因数
1	没有足够的证据支撑估算结果	0
2	以一项“财产”或“用户”的注册信息为基础估算住户数量；没有证据表明注册表在评估日前3年内进行过更新	0.5
3	以一项“财产”或“用户”的注册信息为基础估算住户数量，并且有证据表明注册表在评估日前3年内进行过更新；注册表数据与“待评估的地理区域”内的连接点的记录做过比较	0.75
4	以一项“财产”或“用户”的注册信息为基础估算住户数量，并且有证据表明注册表在评估日前3年内进行过更新；估算以单位住宅的居民比率为基础并以“主管官方机构”发布的数据为支撑；注册表数据与“待评估的地理区域”内的连接点的记录做过比较。否则的话，居民数量就来源于“主管官方机构”在评估当年发布的估值	1

术语：财产，活跃用户，待评估的地理区域，主管官方机构

表 101

	可靠性等级	因数
1	没有足够的证据支撑数据	0
2	数据来源为水务公司或第三方拟定的估值且该估值由“主管官方机构”发布的数据证实	0.5
3	数据来源为“主管官方机构”发布的估值	1

术语：主管官方机构，可靠估值

表 103

	可靠性等级	因数
1	文件不充分	0
2	以下内容形成了正式文件：相应的价格、额度合适的补贴（在适用的情况下）和费用计算	1

表 104

	可靠性等级	因数
1	没有足够的证据支撑数据	0
2	数据来源为“主管官方机构”参考评估年份5年前的信息而发布的统计数值	0.5
3	数据来源为“主管官方机构”参考与“待评估的地理区域”相同或相似的地理区域在距评估年份2～5年间的信息而发布的统计数值	0.9
4	数据来源为“主管官方机构”参考与“待评估的地理区域”相同或相似的地理区域在距评估年份2年以内的信息而发布的统计数值	1

术语：待评估的地理区域，主管官方机构

表 105

	可靠性等级	因数
1	没有任何支持性说明或文件	0
2	有经主管机构正式批准的适用的指导性说明或文件	1

表 106

	可靠性等级	因数
1	没有目前适用的支持性文件	0
2	有目前适用的支持性文件，但没有这些文件实际应用的书面证据	0.5
3	有目前适用的支持性文件和这些文件在评估日或近一个相应场合实际应用的书面证据	1

表 107

	可靠性等级	因数
1	没有目前适用的支持性文件	0
2	有目前适用的支持性文件，但没有这些文件实际应用的书面证据	0.5
3	有目前适用的支持性文件和这些文件在评估日或评估日前两年中的某一年间实际应用的书面证据	1

表 108

	可靠性等级	因数
1	没有证据证实公司在机构网站或其他媒体上发布了信息	0
2	有证据证实公司于评估日在机构网站或传统媒体上发布了信息，但信息是过时的	0.2
3	有证据证实公司于评估日在机构网站或传统媒体上发布了最新信息，但信息的发布未经外部主管部门或内部负责单位（如适用）批准	0.4
4	有证据证实公司经外部主管部门或内部负责单位（如适用）批准，于评估日在传统媒体上发布了最新信息	0.9
5	有证据证实公司经外部主管部门或内部负责单位（如适用）批准，于评估日在机构网站上发布了最新信息	1

术语：机构网站上发布的信息

表 109

	可靠性等级	因数
1	提取的水量数据为估算值	0
2	有从自然环境中提取或从其他系统设施导入并接入供应、处理和分配“系统”的水量的月度记录	0.7
3	有从自然环境中提取或从其他系统设施导入并接入供应、处理和分配“系统”的超过 95%的水量的每日记录	0.9
4	有由远程控制测量系统生成的、从自然环境中提取或从其他系统设施导入并接入供应、处理和分配“系统”的水量的每日记录	1

术语：系统

表 110

	可靠性等级	因数
1	没有记录或有估计的进入“水体”的流量数据	0
2	有部分计量点在短期或不连续的时间序列中的部分流量和压力的记录。记录包含的数据序列短于 5 年，出现了错误或丢失了超过 30%天数的数据	0.5
3	有在正式的、维护良好的水文站网监测下的所有水体中和有效的取水点上的流量和/或压力记录。记录包含至少 5 年的完整的数据序列	1

术语：水体

表 111

	可靠性等级	因数
1	能源消耗量为估算值	0
2	有部分或在不充分的时间跨度（少于 3 年）内的能源消耗记录	0.33
3	有由经校准的计量装置生成或以能源供应公司发布的认证文件为支撑的部分或在不充分的时间跨度（少于 3 年）内的能源消耗记录	0.67
4	有由经校准的计量装置生成或以能源供应公司发布的认证文件为支撑的所有消费点的能源消耗记录	1

表 112

	可靠性等级	因数
1	能源生产量为估算值	0
2	有部分或在不充分的时间跨度（少于 3 年）内的能源生产记录	0.33
3	存在由计量装置得出或以能源采购公司发布的认证文件为支撑的部分或在不充分的时间跨度（少于 3 年）内的能源生产记录	0.67
4	存在由计量装置得出或以能源公司发布的认证文件为支撑的所有设备的能源生产记录	1

表 113

	可靠性等级	因数
1	通过估算得出排放量和大致比率	0
2	有水务公司总能源消耗量的记录和仪表读数、能源转化为直接排放的估算值以及机动车和机械排放的估算值。确立了用于判定能源消耗相对于其他气体的等效值的明确标准	0.8
3	有所有运营中心及所有其他产生直接排放的设备（如供暖锅炉）的能源消耗量的记录和仪表读数以及由机动车和机械产生的直接排放的估算值。确立了用于判定能源消耗相对于其他气体的等效值的明确标准	1

表 114

	可靠性等级	因数
1	没有污泥的运输或运输目的地的记录	0
2	仅有部分设备产生的污泥的运输和运输目的地的记录	0.5
3	有所有设备产生的污泥的运输和运输目的地的纸质记录	0.8
4	有所有设备产生的污泥的运输和运输目的地的电子记录	1

表 115

	可靠性等级	因数
1	没有产生污泥的信息	0
2	有产生污泥的部分信息	0.5
3	有产生污泥信息的全部纸质记录	0.8
4	有每一设施内产生污泥信息的电子记录	1

表 116

	可靠性等级	因数
1	没有记录，或记录的数值为估算值	0
2	有土地登记中和商业地图上的污水和污水处理设施信息的纸质记录以及关于人口普查地区分布的估值。确立了一套按照“人口当量”计算排放量的明确标准	0.8
3	有土地登记中和商业地图上的污水和污水处理设施信息的纸质记录以及关于人口普查地区分布的估值。确立了一套按照“人口当量”计算排放量的明确标准	0.9
4	在地理信息系统中有土地登记中和商业地图上的污水和污水处理设施信息的电子记录，并且根据准确的普查数据在地图上标注了污水收集管网的所有连接点。确立了一套按照“人口当量”计算排放量的明确标准	1

术语：人口当量

表 117

	可靠性等级	因数
1	没有足够的证据支撑数据	0
2	有住户、财产、商业及工业活动的普查数据或者对“待评估的地理区域”中的住户、财产、商业及工业活动的数量估计；这些数据由“主管官方机构”参考评估年份 5 年前的相关数据发布。确立了一套按照“人口当量”计算排放量的明确标准	0.5
3	有住户、财产、商业及工业活动的普查数据或者对“待评估的地理区域”中的住户、财产、商业及工业活动的数量估计；这些数据由“主管官方机构”参考评估年份前 1～5 年内的相关数据发布。确立了一套按照“人口当量”计算排放量的明确标准	0.8
4	有住户、财产、商业及工业活动的普查数据或者对“待评估的地理区域”中的住户、财产、商业及工业活动的数量估计；这些数据由“主管官方机构”参考评估年份前 1 年内的相关数据发布。确立了一套按照“人口当量”计算排放量的明确标准	1

术语：人口当量，待评估的地理区域，主管官方机构

表 118

	可靠性等级	因数
1	没有记录	0
2	评估结果已形成未签署的、未经质量管理测评的记录	0.5
3	评估结果已形成已签署的、经过可溯性标准和质量管理测评的纸质记录	0.9
4	评估结果已形成已签署的、经过可溯性标准和质量管理测评的电子记录	1

表 119

	可靠性等级	因数
1	没有监测点列表和调查研究或报告的记录	0
2	建立了一套用于记录和追踪环境调查研究的系统	0.33
3	建立了一套对环境法律法规的遵循度进行监测和自我评估的系统	0.67
4	做出了基于指标要求而设置的“潜在监测点”的详细清单，且调查研究和报告等信息的记录保存在了一套质量系统、电子化系统或其他具备同等效力的系统中	1

术语：监测点

表 120

	可靠性等级	因数
1	实践未形成文件	0
2	实践已形成文件，但没有证据证实其实际应用（虽然在评估日前 3 年中就应该应用）	0.5
3	实践已形成文件，且有证据证实该实践在评估日或在评估年份之前（如适用）的实际应用	0.7
4	实践已形成文件，且有证据证实该实践在评估日和评估日前 2 年间的实际应用或证实该实践不适宜在该时段应用	0.9
5	实践已形成文件，且有证据证实该实践在评估日和评估日前 3 年间的实际应用或证实该实践不适宜在该时段应用	1

表 121

	可靠性等级	因数
1	实践未形成文件	0
2	实践已形成文件，但没有证据证实该实践在评估日之前的年份中的实际应用	0.3
3	实践已形成文件，且有以下两个证据证实该实践在评估日之前的年份中的实际应用：公共场所水龙头位置的记录；对供水进行质量管理的记录	0.8
4	实践已形成文件，且有以下两个证据证实该实践在评估年份前两年间实际应用：详细到各个地带的公共场所水龙头位置的记录；对供水进行质量管理的记录	1

表 122

	可靠性等级	因数
1	有故障、排除故障的流程与工作顺序和用户通告等适用信息的纸质记录。记录内容根据故障类型和破坏范围分类	0
2	有故障、排除故障的流程与工作顺序和用户通告等适用信息的电子记录。记录内容根据故障类型和破坏范围分类	0.5
3	有故障、排除故障的流程与工作顺序和用户通告等适用信息的电子记录。记录内容根据故障类型和破坏范围分类	0.7
4	有故障、排除故障的流程与工作顺序和用户通告等适用信息保存在与用户管理系统相关联的地理参照数据库中的电子记录。记录内容根据故障类型和破坏范围分类	1

术语：故障

表 1088

	可靠性等级	因数
1	1）未提交“评估范围”层面的资产负债表或损益表；或未提交与业务单位的财务状况和经济收益相关的信息；或提交的信息与公司层面的财务报表不一致，或提交的信息已审计，但审计师拒绝对其表示意见或表示反对意见； 2）公司财务报表不完整或未经审计；或公司财务报表已经审计，但审计师拒绝对其表示意见或表示反对意见	0
2	1）“评估范围”层面的未经审计的资产负债表和损益表与经注册或非注册外部审计师审计并且对与该指标相关的部分表示保留意见的公司财务报表相“一致”； 2）“评估范围”层面的财务报表经注册或非注册外部审计师审计，并获得了审计师对财务报表中与该指标相关的部分表示的保留意见； 3）“评估范围”层面和所有其他业务单位的财务状况和经济收益逐项记录在公司财务报表的附注中，并且与经注册或非注册外部审计师审计并对与该指标相关的部分表示保留意见的财务报表包含的数据相“一致”	0.4

续表

	可靠性等级	因数
3	“评估范围”层面的未经审计的资产负债表和损益表与经非注册外部审计师审计并非针对该指标表示保留意见的公司财务报表相“一致”，并且发表在机构报告或其他具有同等效力的文件中	0.6
4	“评估范围”层面的未经审计的资产负债表和损益表与经“注册外部审计师”审计的公司财务报表相“一致”，审计师表示无保留意见或非针对该指标提出保留意见，并且发表在机构报告或其他具有同等效力的文件中	0.7
5	1）“评估范围”层面和公司层面的财务报表经非注册外部审计师审计，并且获得了审计师表示的没有保留意见或非针对该指标表示的保留意见； 2）“评估范围”层面和所有其他业务单位的财务状况和经济收益逐项记录在公司财务报表的附注中，并且与经非注册外部审计师审计并表示无保留意见或非针对该指标提出保留意见的财务报表包含的数据相“一致”	0.8
6	1）“评估范围”层面和公司层面的财务报表经“注册外部审计师”审计，并且获得了审计师表示的没有保留意见或非针对该指标提出的保留意见； 2）“评估范围”层面和所有其他业务单位的财务状况和经济收益逐项记录在公司财务报表的附注中，并且与经注册外部审计师审计并表示无保留意见或非针对该指标提出保留意见的财务报表包含的数据相“一致”	1

术语：注册外部审计师，评估范围，在评估范围层面的财务报表的一致性，一致的数据

说明：本附录中表编号同原著。

附录 B：术语

1. Acceptable timeframe for circulation of minutes issued by the board
   董事会发布的会议纪要传阅的时限
2. Acceptable timeframe for circulation of minutes issued by the body that represents the owners
   业主代表团发布的会议纪要传阅的时限
3. Access
   接通使用
4. Active connections
   有效连接
5. Active users
   有效用户
6. Applicable regulations
   相关法律法规
7. Appropriate cost of capital
   合理的资金成本
8. Board of directors（also called：the board）
   董事会
9. Body that represents the owners
   业主代表团
10. Business autonomy（for decisions related to remunerations and staffing，to acquisition of goods and services，and to debt）
    自主经营权（涉及薪酬和安置员工、收购货物和劳务及债务方面的决策）
11. Competent official body
    主管官方机构
12. Complaint
    投诉
13. Consistency of accounting information not originating from the financial statements
    非源自财务报表的会计信息一致性
14. Consistency of financial statements at rating scope level
    评价范围内财务报表一致性
15. Contingency
    意外事件

16. Conventional water treatment
常规水处理
17. Corrective maintenance
设备维修保养
18. Corrective maintenance protocol
设备维修保养程序
19. Costs per activity
单位活动成本
20. Criteria established in the International Accounting Standards (IAS 16)
由《国际会计标准》(IAS 16) 确立的准则
21. Customer service complaint
对客户服务的投诉
22. Discount rate applicable to capital cost
资本成本的合理贴现率
23. Emergency
突发事件
24. Entry point into the drinking water supply system
饮用水供应系统接入点
25. Environmentally responsible destination
对环境负责的目的地
26. Financial expenses
财务费用
27. Finished works
已完成的工作
28. Formal autonomy (to acquire goods and services and make payments, to set remunerations and determine staffing; and to contract debt)
正式自主权(以获得商品和服务并支付相关款项，确定工资和安置员工，签订债务协议)
29. Geographical area to be rated
待评估的地理区域
30. Geographical service coverage area
服务覆盖的地理区域
31. In force (investment plan in force)
生效(投资计划生效)
32. Incident
小事故
33. Independent director
独立董事
34. Integrated project monitoring system

项目综合监控系统

35. Job description
工作说明

36. Key positions
关键职位

37. Legal person（ality）
法人

38. Malfunction
故障

39. Management control system
管理控制系统

40. Mandate
全权负责

41. Minimum tender period
最小招标期限

42. Monitoring points
监测点

43. Operational expenses
运营费用

44. Own staff
水务公司雇员

45. Owner（utility）
业主（水务公司）

46. Population equivalent
人口当量

47. Preventive maintenance
预防性维护

48. Preventive maintenance protocol
预防性维护程序

49. Property
财产（如建筑物）

50. Public debt instruments
公共债务工具

51. Public tender
公开招标

52. Publication on the institutional website
机构网站上的发行物

53. Rating scope
评分范围

54. Real time
    实时
55. Reclaimed water
    中水
56. Reconciled data
    核对过的数据
57. Recycled/Recycling
    回收利用
58. Registered external auditors
    注册外部审计师
59. Registered user
    注册用户
60. Representative sample of supplied quality
    供水质量的代表性样本
61. Return on equity
    股本回报率
62. Reused water
    回用水
63. Satisfied user
    满意用户
64. Scope of services to be rated
    受评估的服务范围
65. Service function (s)
    服务职能
66. Service stage
    服务阶段
67. Strategic map
    战略地图
68. Substantiated estimate
    可靠估计
69. Successful tenders
    成功招标
70. Sufficient hydraulic conditions for use and consumption
    用于使用和消费的充足的水力条件
71. Supply-demand balance
    供需平衡
72. System
    系统
73. Technical expertise

专业技术

74. Timely reception of notices（board members）
    及时接收通知（董事会成员）
75. Timely reception of notices（members of body that represents the owners）
    及时接收通知（业主代表团成员）
76. Total long-term costs
    总长期成本
77. Training courses
    培训课程
78. Wastewater treatment plan
    污水处理方案
79. Water bodies
    水体
80. Water volume incorporated into the system
    纳入系统的水量
81. Weighted average tax rate
    加权平均税率
82. Works（in relation to investment plan projects）
    工作（与投资计划项目相关）
83. Zero-value bill
    零值账单
84. Zones at risk of non-compliance with drinking water quality standards
    未符合饮用水质量标准的风险区域

附录C：水务评估系统权重表

评估类别权重

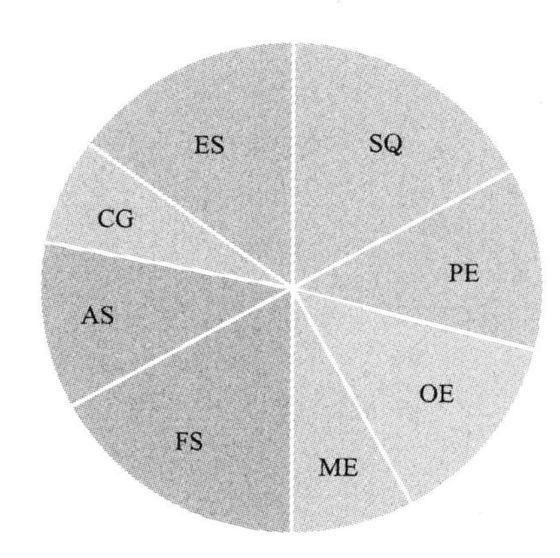

相对权重	绝对权重	类别	
17	17	SQ	服务质量
12	12	PE	投资计划与实施效率
13	13	OE	运行效率
8	8	ME	企业管理效率
17	17	FS	财务可持续性
11	11	AS	服务的接入
7	7	CG	公司治理
15	15	ES	环境可持续性

SQ服务质量

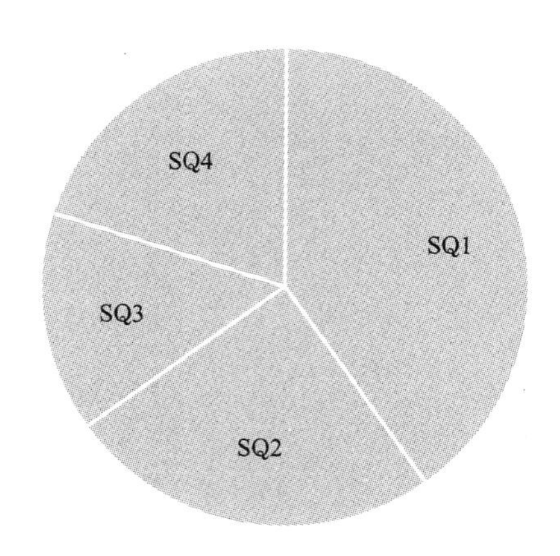

相对权重	绝对权重	子类别	
45	6.80	SQ1	饮用水质量
25	4.25	SQ2	供使用和消费的饮用水的输配
15	2.55	SQ3	污水收集
20	3.40	SQ4	用户服务

SQ1 饮用水质量

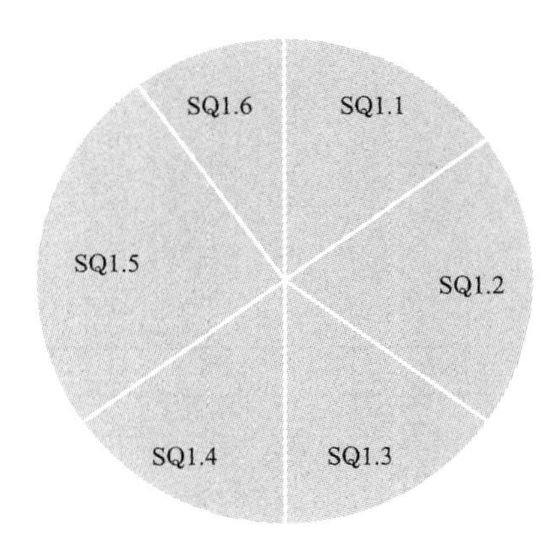

相对权重	绝对权重	指标	
15	1.02	SQ1.1	水处理和供应中的结构能力保证
33.33	0.3400		P1
22.22	0.2267		P2
11.11	0.1133		P3
11.11	0.1133		P4
11.11	0.1133		P5
11.11	0.1133		P6
20	1.36	SQ1.2	供水质量的保证
9.09	0.1236		P1
9.09	0.1236		P2
9.09	0.1236		P3
27.27	0.3709		P4
18.18	0.2473		P5
9.09	0.1236		P6
9.09	0.1236		P7
9.09	0.1236		P8
15	1.02	SQ1.3	供水水质的监督与控制
7.14	0.0729		P1
14.29	0.1457		P2
14.29	0.1457		P3
14.29	0.1457		P4
21.43	0.2186		P5
7.14	0.0729		P6
7.14	0.0729		P7
14.29	0.1457		P8
15	1.02	SQ1.4	饮用“水处理”的结构运行能力
25	1.70	SQ1.5	符合饮用水标准
10	0.68	SQ1.6	供水质量控制频率

SQ2 供使用和消费的饮用水的输配

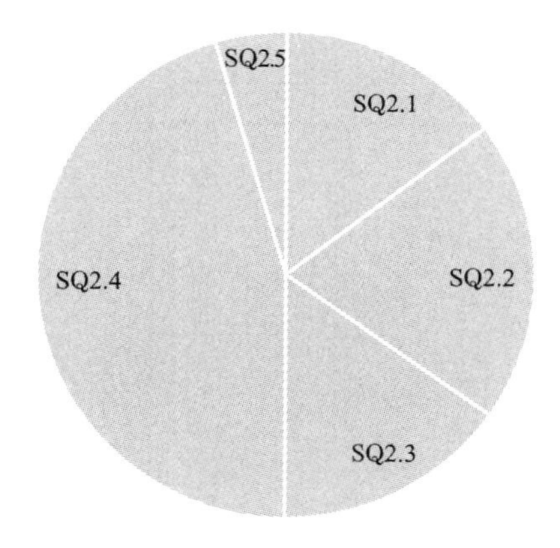

相对权重	绝对权重	指标	
15	0.64	SQ2.1	供应和输配水结构能力的保证
37.5	0.2391		P1
25.0	0.1594		P2
25.0	0.1594		P3
12.5	0.0797		P4
20	0.85	SQ2.2	运行中供水连续性的保证
11.11	0.0944		P1
11.11	0.0944		P2
22.22	0.1889		P3
22.22	0.1889		P4
22.22	0.1889		P5
11.11	0.0944		P6
15	0.64	SQ2.3	供水连续性的监督与控制
33.33	0.2125		P1
33.33	0.2125		P2
33.33	0.2125		P3
45	1.91	SQ2.4	供水连续性
5	0.21	SQ2.5	将新用户连接到饮用水服务所用的时间

SQ3 污水收集

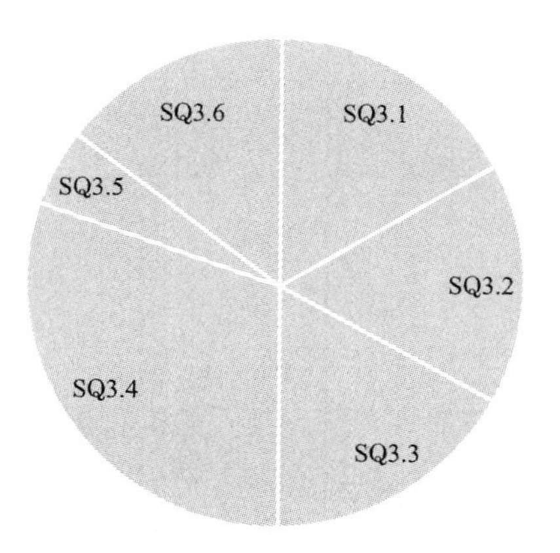

相对权重	绝对权重	指标	
17	0.43	SQ3.1	污水收集的结构能力保证
25	0.1084		P1
25	0.1084		P2
25	0.1084		P3
25	0.1084		P4
16	0.41	SQ3.2	污水收集运行的保证
5.26	0.0215		P1
5.26	0.0215		P2
5.26	0.0215		P3
10.53	0.0429		P4
15.79	0.0644		P5
15.79	0.0644		P6
5.26	0.0215		P7
10.53	0.0429		P8
15.79	0.0644		P9
10.53	0.0429		P10
17	0.43	SQ3.3	污水收集服务的监督与控制
16.67	0.0723		P1
16.67	0.0723		P2
33.33	0.1445		P3
16.67	0.0723		P4
16.67	0.0723		P5
30	0.77	SQ3.4	在污水收集管网中解决“事故”的时间
5	0.13	SQ3.5	接入污水处理服务所需时间
15	0.38	SQ3.6	暴风雨天气“事故”

SQ4 用户服务

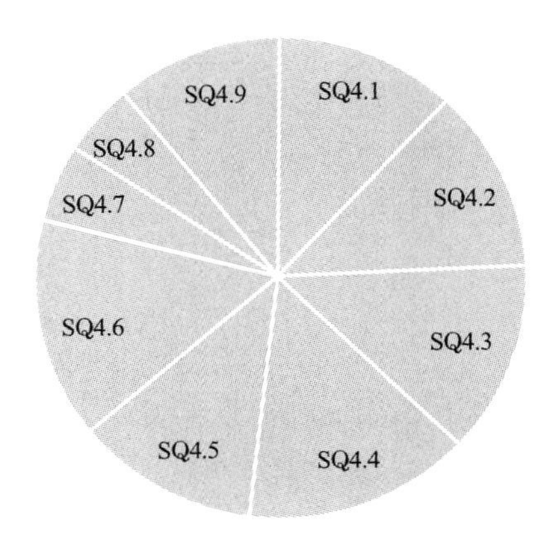

相对权重	绝对权重	指标	
12	0.41	SQ4.1	“投诉”管理和用户满意度监测
12.5	0.051		P1
12.5	0.051		P2
37.5	0.153		P3
25.0	0.102		P4
12.5	0.051		P5
12	0.41	SQ4.2	用户服务质量
14.29	0.0583		P1
14.29	0.0583		P2
14.29	0.0583		P3
14.29	0.0583		P4
14.29	0.0583		P5
14.29	0.0583		P6
14.29	0.0583		P7
13	0.44	SQ4.3	对用户服务和“突发事件”信息的承诺
22.22	0.0982		P1
22.22	0.0982		P2
11.11	0.0491		P3
11.11	0.0491		P4
11.11	0.0491		P5
22.22	0.0982		P6
15	0.51	SQ4.4	普通用户满意度
12	0.41	SQ4.5	问题解决质量的用户体验
15	0.51	SQ4.6	一年中每100名用户“对客服投诉”的数量
5	0.17	SQ4.7	客户呼叫服务等待时间
5	0.17	SQ4.8	客户服务中心等待时间
11	0.37	SQ4.9	解决问题时间

PE 投资计划与实施效率

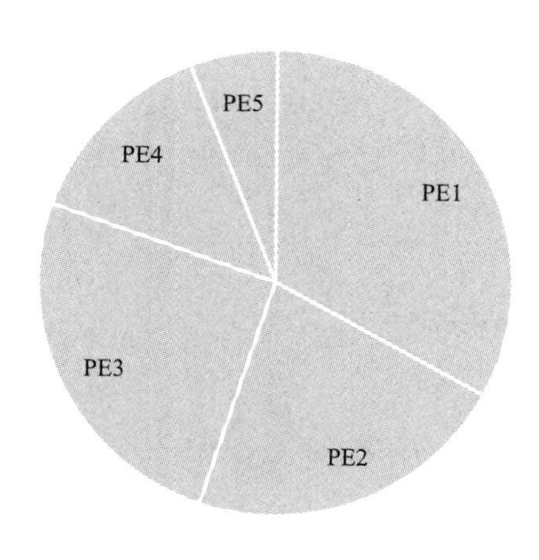

相对权重	绝对权重	子类别	
33	3.96	PE1	投资计划的内容与效率
22	2.64	PE2	投资计划的执行效率
25	3.00	PE3	现有实物资产的管理效率
14	1.68	PE4	应急计划
6	0.72	PE5	研发

PE1 投资计划的内容与效率

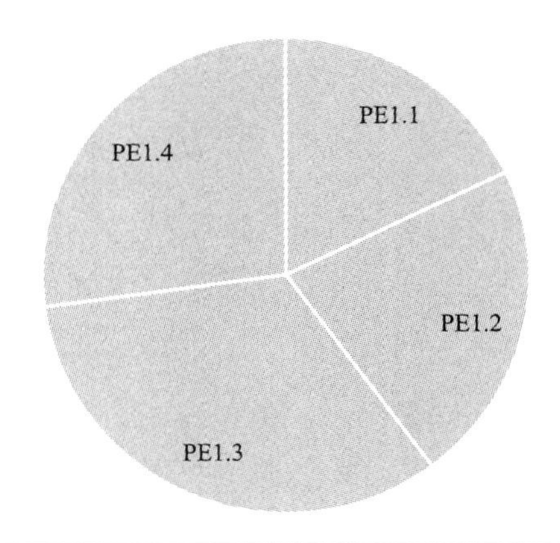

相对权重	绝对权重	指标	
18	0.71	PE1.1	投资计划的内容
8.33	0.0594		P1
8.33	0.0594		P2
8.33	0.0594		P3
8.33	0.0594		P4
8.33	0.0594		P5
8.33	0.0594		P6
8.33	0.0594		P7
8.33	0.0594		P8
8.33	0.0594		P9
25.03	0.1782		P10
22	0.87	PE1.2	诊断方法
6.25	0.0545		P1
6.25	0.0545		P2
6.25	0.0545		P3
6.25	0.0545		P4
6.25	0.0545		P5
6.25	0.0545		P6
6.25	0.0545		P7
6.25	0.0545		P8
6.25	0.0545		P9
6.25	0.0545		P10
18.75	0.1634		P11
18.75	0.1634		P12

续表

相对权重	绝对权重	指标	
33	1.31	PE1.3	分析与判断候选方案及确定最终方案的方法
5.88	0.0769		P1
5.88	0.0769		P2
5.88	0.0769		P3
5.88	0.0769		P4
5.88	0.0769		P5
5.88	0.0769		P6
5.88	0.0769		P7
11.76	0.1537		P8
5.88	0.0769		P9
11.76	0.1537		P10
11.76	0.1537		P11
5.88	0.0769		P12
5.88	0.0769		P13
5.88	0.0769		P14
27	1.07	PE1.4	分析计划中的财务问题的方法
25	0.2673		P1
25	0.2673		P2
25	0.2673		P3
25	0.2673		P4

PE2 投资计划的执行效率

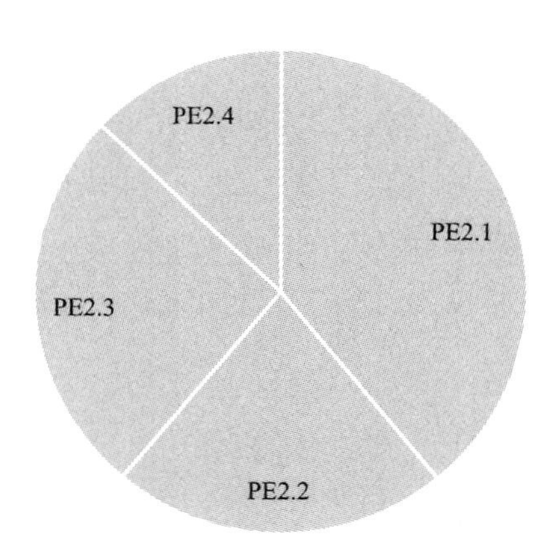

相对权重	绝对权重	指标	
39	1.03	PE2.1	投资计划项目实行的监控系统
7.14	0.0735		P1
7.14	0.0735		P2
7.14	0.0735		P3
21.43	0.2206		P4

续表

相对权重	绝对权重	指标	
21.43	0.2206		P5
21.43	0.2206		P6
14.29	0.1471		P7
22	0.58	PE2.2	投资计划的遵从程度
26	0.69	PE2.3	“已完成的工作”的成本偏差程度
20	0.1373		P1
20	0.1373		P2
30	0.2059		P3
30	0.2059		P4
13	0.34	PE2.4	“工作”执行最终期限的偏差程度
20	0.0686		P1
20	0.0686		P2
30	0.1030		P3
30	0.1030		P4

PE3 现有实物资产的管理效率

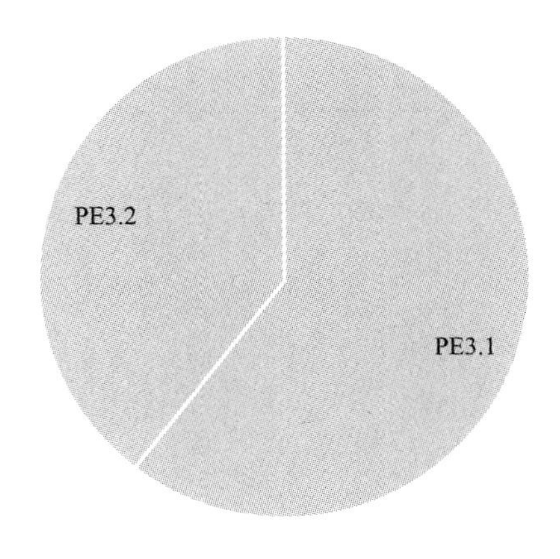

相对权重	绝对权重	指标	
61	1.83	PE3.1	实物资产管理
27.27	0.4991		P1
45.45	0.8318		P2
9.09	0.1664		P3
9.09	0.1664		P4
9.09	0.1664		P5
39	1.17	PE3.2	置换或修理固定实物资产的年度投资

PE4 应急计划

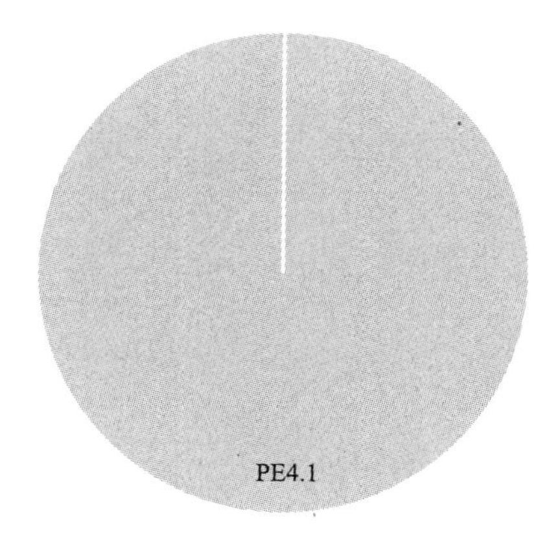

相对权重	绝对权重	指标	
100	1.68	PE4.1	“应急”计划
14.29	0.24		P1
14.29	0.24		P2
14.29	0.24		P3
14.29	0.24		P4
14.29	0.24		P5
14.29	0.24		P6
14.29	0.24		P7

PE5 研发

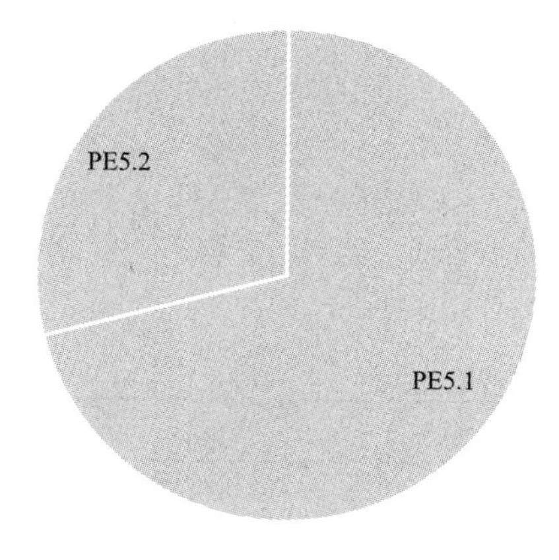

相对权重	绝对权重	指标	
71	0.51	PE5.1	研究与开发
31.25	0.1598		P1
6.25	0.0320		P2
6.25	0.0320		P3

续表

相对权重	绝对权重	指标	
6.25	0.0320		P4
6.25	0.0320		P5
18.75	0.0959		P6
6.25	0.0320		P7
6.25	0.0320		P8
12.50	0.0630		P9
29	0.21	PE5.2	研发投资

OE 运行效率

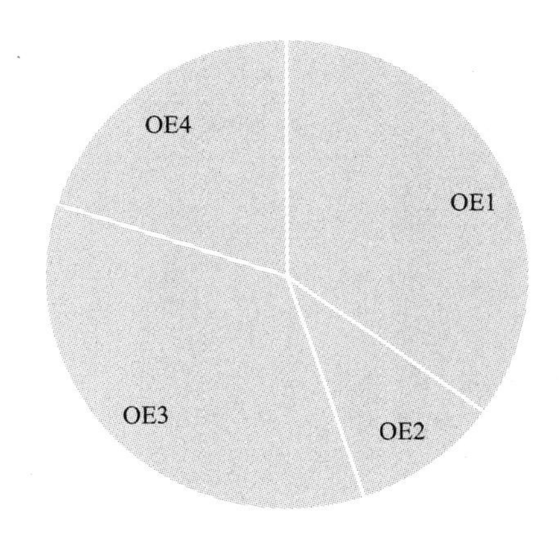

相对权重	绝对权重	子类别	
35	4.55	OE1	水资源管理效率
10	1.30	OE2	能源使用效率
35	4.55	OE3	基础设施管理效率
20	2.60	OE4	运行和维护的成本效率

OE1 水资源管理效率

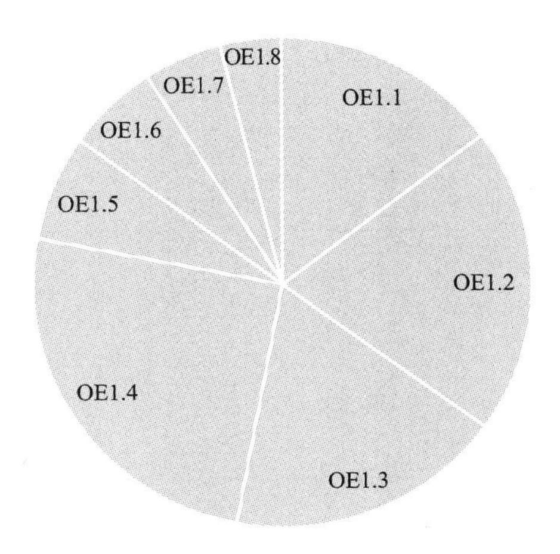

相对权重	绝对权重	指标	
15	0.68	OE1.1	用水控制
14.29	0.0975		P1
21.43	0.1463		P2
7.14	0.0488		P3
7.14	0.0488		P4
7.14	0.0488		P5
7.14	0.0488		P6
14.29	0.0975		P7
7.14	0.0488		P8
7.14	0.0488		P9
7.14	0.0488		P10
20	0.91	OE1.2	使用和消耗点的用水控制
18	0.82	OE1.3	真实漏失管理
7.14	0.0585		P1
21.43	0.1755		P2
7.14	0.0585		P3
14.29	0.1170		P4
14.29	0.1170		P5
14.29	0.1170		P6
7.14	0.0585		P7
7.14	0.0585		P8
7.14	0.0585		P9
25	1.14	OE1.4	供水、输水、配水设施中的实际水损
7	0.32	OE1.5	运行用水管理
16.67	0.0531		P1
16.67	0.0531		P2
16.67	0.0531		P3
33.33	0.1062		P4
16.67	0.0531		P5
6	0.27	OE1.6	操作用水
5	0.23	OE1.7	“中水”管理
20	0.0455		P1
20	0.0455		P2
20	0.0455		P3
20	0.0455		P4
20	0.0455		P5
4	0.18	OE1.8	“回用水”

OE2 能源使用效率

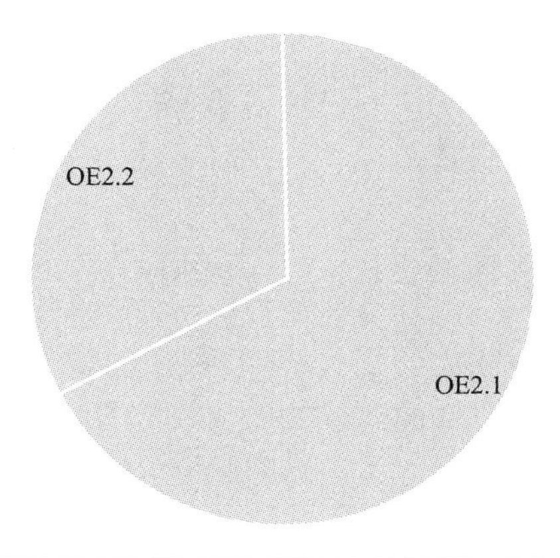

相对权重	绝对权重	指标	
67	0.87	OE2.1	能源使用效率
23.08	0.201		P1
23.08	0.201		P2
15.38	0.134		P3
15.38	0.134		P4
7.69	0.067		P5
15.38	0.134		P6
33	0.43	OE2.2	用于降低污染物负荷量的能源消耗

OE3 基础设施管理效率

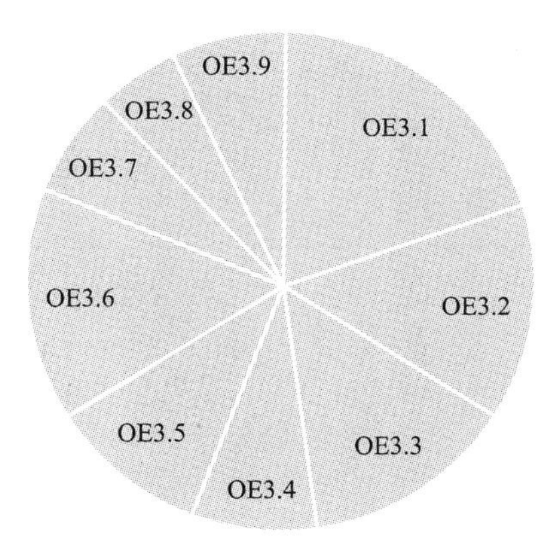

相对权重	绝对权重	指标	
20	0.91	OE3.1	取水、处理和配水设施的管理效率
6.25	0.0569		P1
6.25	0.0569		P2
6.25	0.0569		P3
6.25	0.0569		P4
12.50	0.1138		P5
12.50	0.1138		P6

续表

相对权重	绝对权重	指标	
12.50	0.1138		P7
18.75	0.1706		P8
6.25	0.0569		P9
6.25	0.0569		P10
6.25	0.0569		P11
14	0.64	OE3.2	输水和配水管道损坏的次数
14	0.64	OE3.3	服务连接点（与私人供水系统的连接点）损坏的次数
8	0.36	OE3.4	与取水、处理和配水“系统”相关的固定实物资产的修复性维护费用
10	0.46	OE3.5	与取水、处理和配水“系统”相关的固定实物资产的预防性维护费用
15	0.68	OE3.6	污水收集和处理设施的管理效率
7.14	0.0488		P1
7.14	0.0488		P2
7.14	0.0488		P3
7.14	0.0488		P4
14.29	0.0975		P5
14.29	0.0975		P6
21.43	0.1463		P7
7.14	0.0488		P8
7.14	0.0488		P9
7.14	0.0488		P10
7	0.32	OE3.7	在旱季对污水收集管网造成影响的偶发性“小事故”
5	0.23	OE3.8	与污水收集与处理“系统”相关的固定实物资产的修复性维护费用
7	0.32	OE3.9	与污水收集与处理“系统”相关的固定实物资产的预防性维护费用

OE4 运行和维护的成本效率

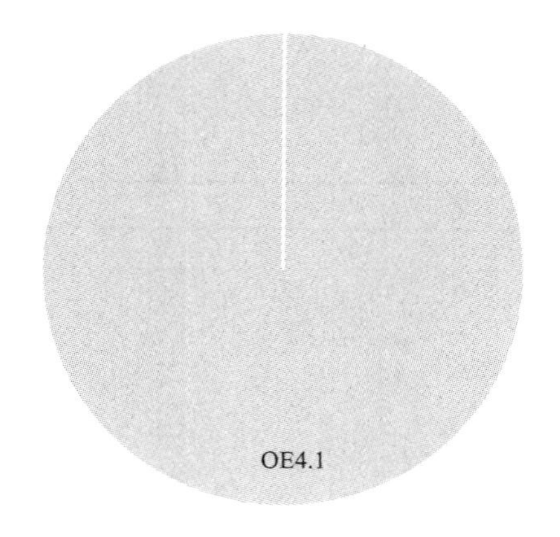

相对权重	绝对权重	指标	
100	2.6	OE4.1	运行和维护的成本效率
7.69	0.2		P1
7.69	0.2		P2
15.38	0.4		P3
15.38	0.4		P4
15.38	0.4		P5
15.38	0.4		P6
23.08	0.6		P7

ME 企业管理效率

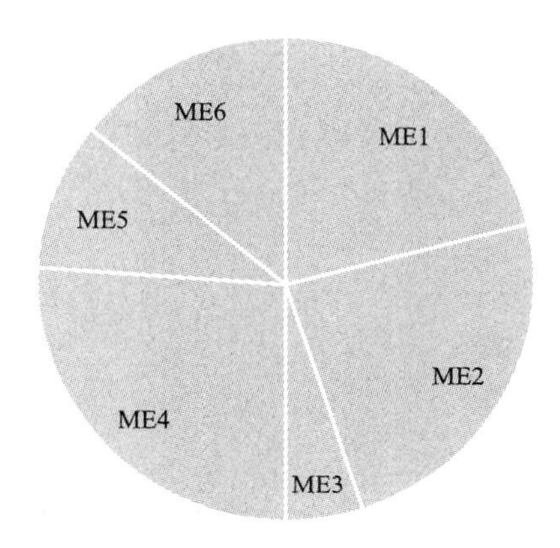

相对权重	绝对权重	子类别	
21	1.68	ME1	战略规划
24	1.92	ME2	管理控制
5	0.40	ME3	组织结构
26	2.08	ME4	人力资源管理
10	0.80	ME5	采购管理
14	1.12	ME6	员工和后勤资源效率

ME1 战略规划

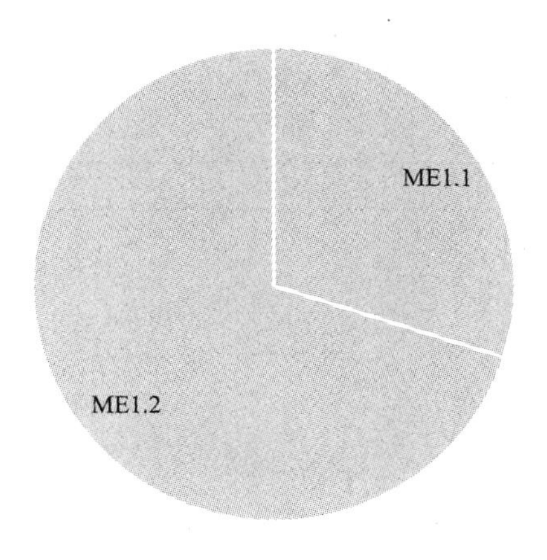

相对权重	绝对权重	指标	
30	0.5	ME1.1	战略规划内容
4.35	0.0219		P1
4.35	0.0219		P2
8.70	0.0438		P3
4.35	0.0219		P4
17.39	0.0877		P5
13.04	0.0657		P6
21.74	0.1096		P7
8.70	0.0438		P8
13.04	0.0657		P9
4.35	0.0219		P10
70	1.18	ME1.2	战略规划的制定与实施
13.33	0.1568		P1
6.67	0.0784		P2
6.67	0.0784		P3
6.67	0.0784		P4
20.00	0.2352		P5
6.67	0.0784		P6
13.33	0.1568		P7
20.00	0.2352		P8
6.67	0.0784		P9

ME2 管理控制

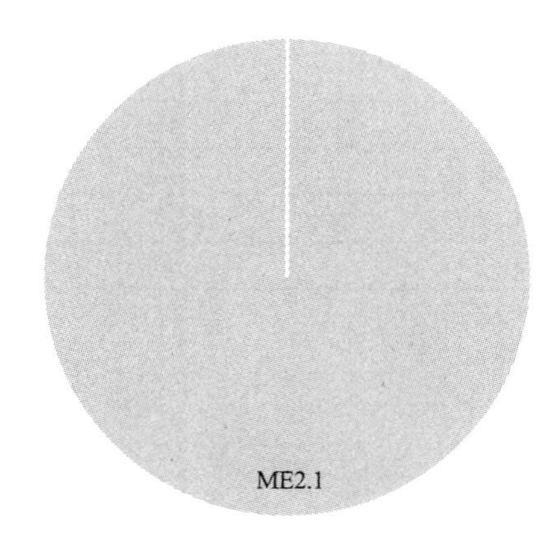

相对权重	绝对权重	指标	
100	1.92	ME2.1	“管理控制系统”
20.00	0.384		P1
6.67	0.128		P2
13.33	0.256		P3
20.00	0.384		P4
6.67	0.128		P5
13.33	0.256		P6
20.00	0.384		P7

ME3 组织结构

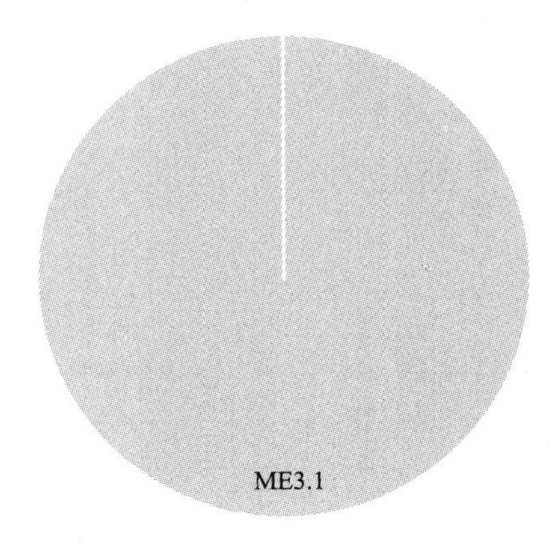

相对权重	绝对权重	指标	
100	0.4	ME3.1	组织结构
8.33	0.0333		P1
16.67	0.0667		P2
16.67	0.0667		P3
25.00	0.1000		P4
16.67	0.0667		P5
8.33	0.0333		P6
8.33	0.0333		P7

ME4 人力资源管理

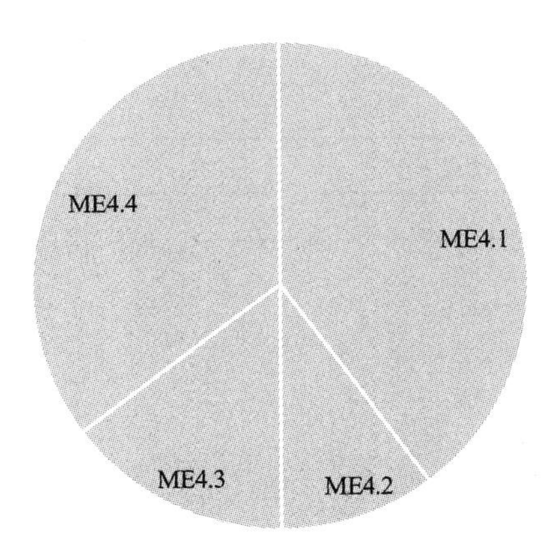

相对权重	绝对权重	指标	
40	0.83	ME4.1	人力资源管理
13.04	0.1085		P1
8.70	0.0723		P2
8.70	0.0723		P3
4.35	0.0362		P4

续表

相对权重	绝对权重	指标	
13.04	0.1085		P5
8.70	0.0723		P6
4.35	0.0362		P7
13.04	0.1085		P8
4.35	0.0362		P9
8.70	0.0723		P10
4.35	0.0362		P11
8.70	0.0723		P12
10	0.21	ME4.2	所招聘员工的竞争力
15	0.31	ME4.3	员工培训
35	0.73	ME4.4	与“关键职位”和“职位描述”相符的员工

ME5 采购管理

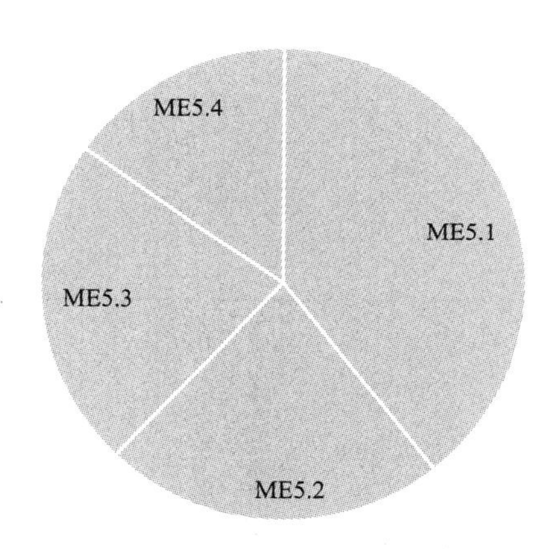

相对权重	绝对权重	指标	
39	0.31	ME5.1	采购
11.76	0.0367		P1
11.76	0.0367		P2
5.88	0.0184		P3
17.65	0.0551		P4
11.76	0.0367		P5
17.65	0.0551		P6
5.88	0.0184		P7
5.88	0.0184		P8
5.88	0.0184		P9
5.88	0.0184		P10
23	0.18	ME5.2	通过“公开招标”进行采购
23	0.18	ME5.3	“成功招标”
15	0.12	ME5.4	在规定的“最短时间”内开展招标

ME6 员工和后勤资源效率

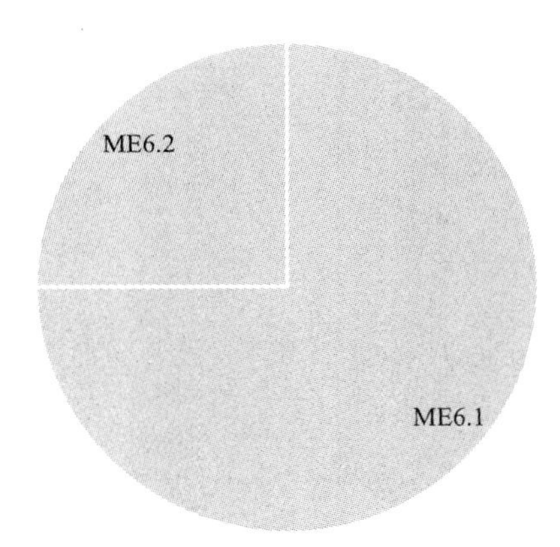

相对权重	绝对权重	指标	
75	0.84	ME6.1	员工生产力
25	0.28	ME6.2	管理和销售支出

FS 财务可持续性

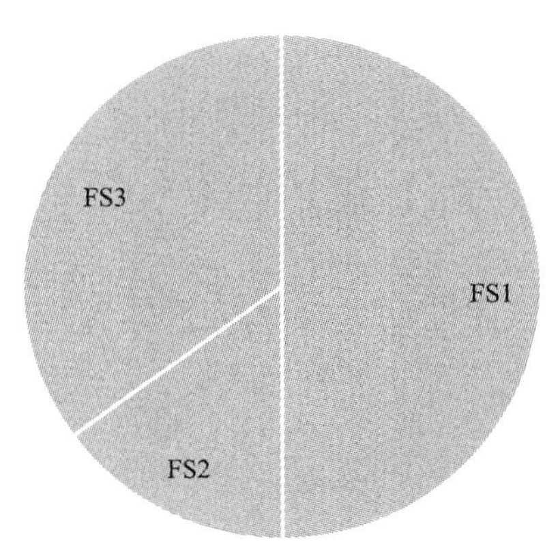

相对权重	绝对权重	子类别	
50	8.50	FS1	整体财务可持续性
15	2.55	FS2	财务管理
35	5.95	FS3	客户管理

FS1 整体财务可持续性

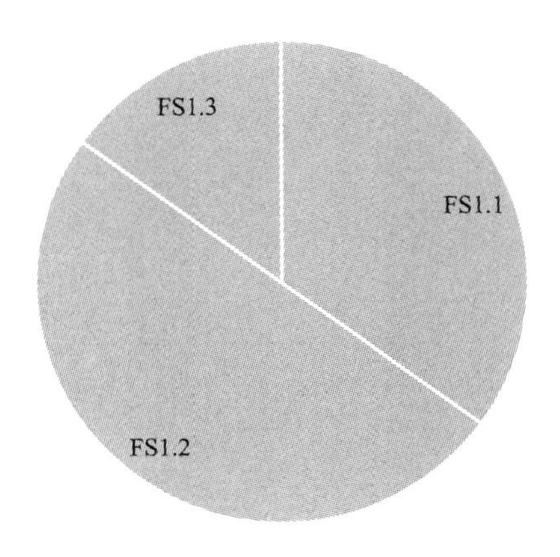

相对权重	绝对权重	指标	
35	2.98	FS1.1	财务可持续性
33.33	0.9917		P1
16.67	0.4958		P2
6.67	0.1983		P3
10.00	0.2975		P4
6.67	0.1983		P5
10.00	0.2975		P6
6.67	0.1983		P7
3.33	0.0992		P8
6.67	0.1983		P9
50	4.25	FS1.2	费用范围
30	1.275		P1
20	0.850		P2
30	1.275		P3
20	0.850		P4
15	1.28	FS1.3	“股本回报率”

FS2 财务管理

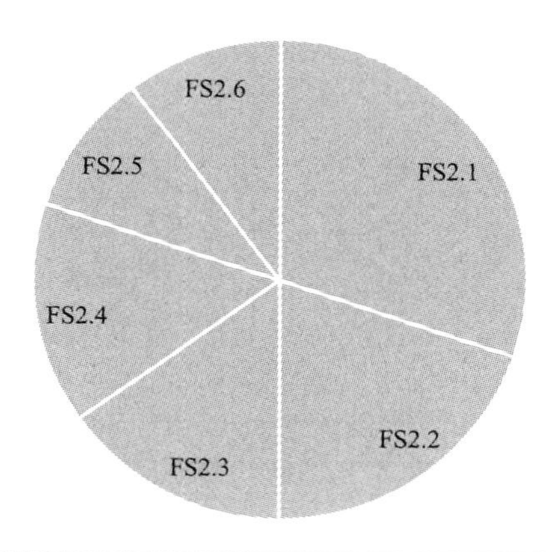

相对权重	绝对权重	指标	
30	0.77	FS2.1	融资、风险规避和内控
11.11	0.085		P1
11.11	0.085		P2
11.11	0.085		P3
11.11	0.085		P4
11.11	0.085		P5
22.22	0.170		P6
22.22	0.170		P7
20	0.51	FS2.2	流动比率
15	0.38	FS2.3	负债股本比
15	0.38	FS2.4	确认的现金流
10	0.26	FS2.5	货币风险
10	0.26	FS2.6	利率风险

FS3 客户管理

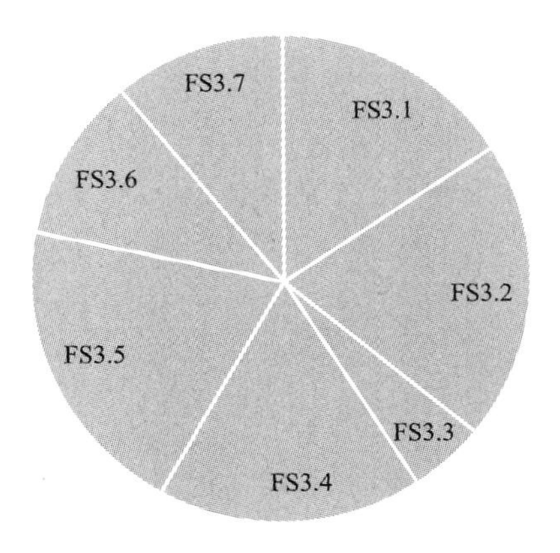

相对权重	绝对权重	指标	
16	0.95	FS3.1	开票和收款
20.00	0.1904		P1
6.67	0.0635		P2
6.67	0.0635		P3
13.33	0.1269		P4
13.33	0.1269		P5
6.67	0.0635		P6
6.67	0.0635		P7
13.33	0.1269		P8
13.33	0.1269		P9
20	1.19	FS3.2	开票效力
5	0.30	FS3.3	开票错误率
17	1.01	FS3.4	未收费用水
20	1.19	FS3.5	收款率
11	0.65	FS3.6	平均收款期
11	0.65	FS3.7	欠款

AS 服务的接入

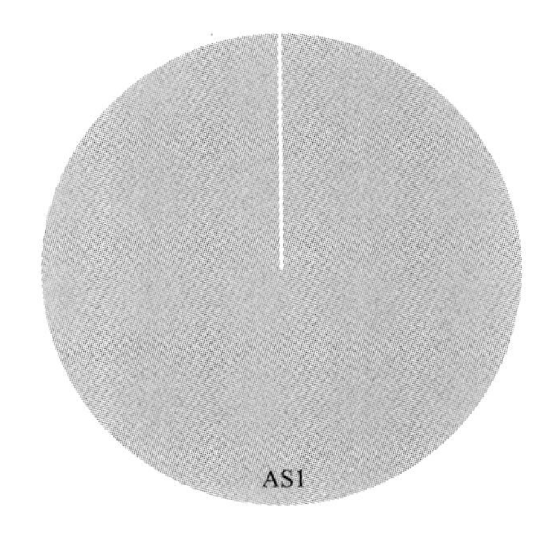

相对权重	绝对权重	子类别	
100	11	AS1	服务的接入

AS1 服务的接入

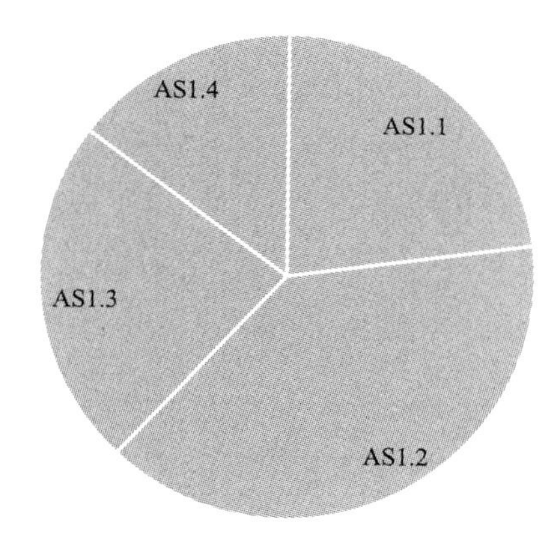

相对权重	绝对权重	指标	
23	2.53	AS1.1	保障服务的“接入”
20.00	0.5060		P1
20.00	0.5060		P2
20.00	0.5060		P3
6.67	0.1687		P4
20.00	0.5060		P5
13.33	0.3373		P6
39	4.29	AS1.2	家庭饮用水“接入”
23	2.53	AS1.3	污水收集“系统”连接
15	1.65	AS1.4	家庭支付服务的能力

CG 公司治理

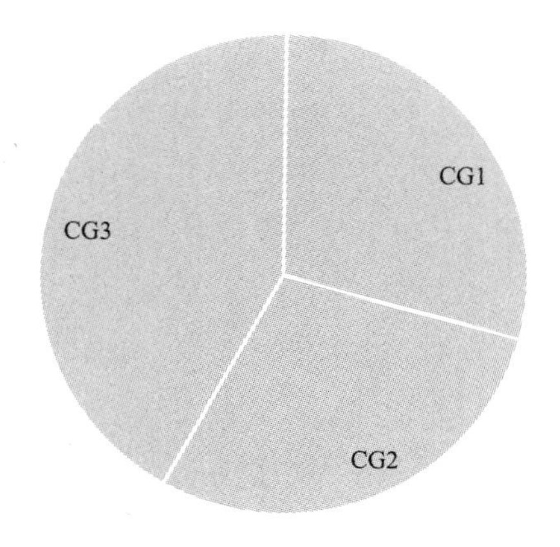

相对权重	绝对权重	子类别	
29	2.03	CG1	企业自治和职责
29	2.03	CG2	决策程序和问责制
42	2.94	CG3	透明度和可控性

CG1 企业自治和职责

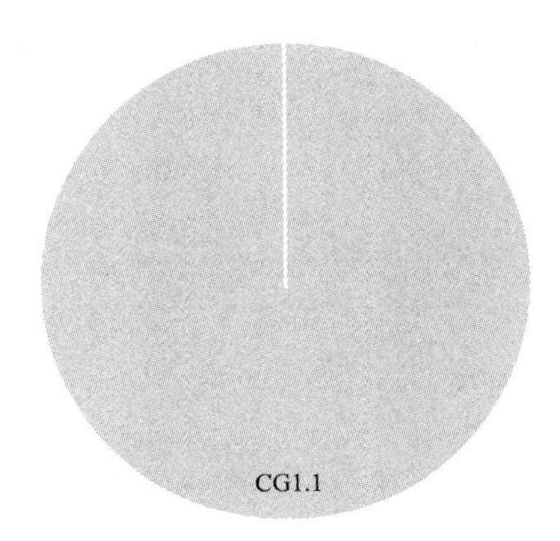

相对权重	绝对权重	指标	
100	2.03	CG1.1	企业自治和职责
14.29	0.29		P1
14.29	0.29		P2
14.29	0.29		P3
14.29	0.29		P4
14.29	0.29		P5
28.57	0.58		P6

CG2 决策程序和问责制

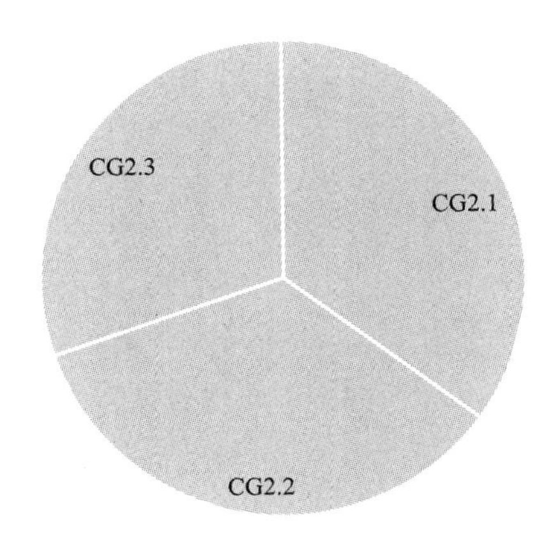

相对权重	绝对权重	指标	
35	0.71	CG2.1	公司治理
15.38	0.1093		P1
15.38	0.1093		P2
7.69	0.0547		P3
7.69	0.0547		P4
7.69	0.0547		P5
7.69	0.0547		P6
7.69	0.0547		P7
7.69	0.0547		P8
7.69	0.0547		P9
7.69	0.0547		P10
7.69	0.0547		P11
35	0.71	CG2.2	选择“董事会”成员和首席执行官
20	0.1421		P1
20	0.1421		P2
20	0.1421		P3
10	0.0711		P4
10	0.0711		P5
10	0.0711		P6
10	0.0711		P7
30	0.61	CG2.3	“董事会”的权利和职责
11.11	0.0677		P1
11.11	0.0677		P2
11.11	0.0677		P3
11.11	0.0677		P4
11.11	0.0677		P5
11.11	0.0677		P6
22.22	0.1353		P7
11.11	0.0677		P8

CG3 透明度和可控性

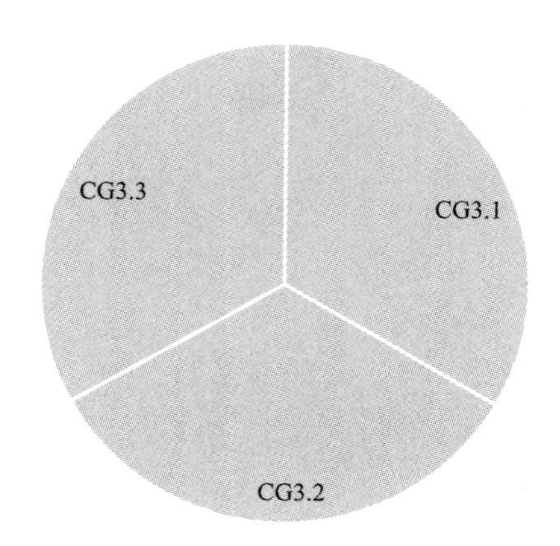

相对权重	绝对权重	指标	
33.33	0.98	CG3.1	服务信息披露
16.67	0.1633		P1
16.67	0.1633		P2
16.67	0.1633		P3
16.67	0.1633		P4
16.67	0.1633		P5
16.67	0.1633		P6
33.33	0.98	CG3.2	机构和财务信息披露
10	0.098		P1
10	0.098		P2
30	0.294		P3
10	0.098		P4
10	0.098		P5
10	0.098		P6
10	0.098		P7
10	0.098		P8
33.33	0.98	CG3.3	审计和控制程序
25	0.245		P1
25	0.245		P2
25	0.245		P3
25	0.245		P4

ES 环境可持续性

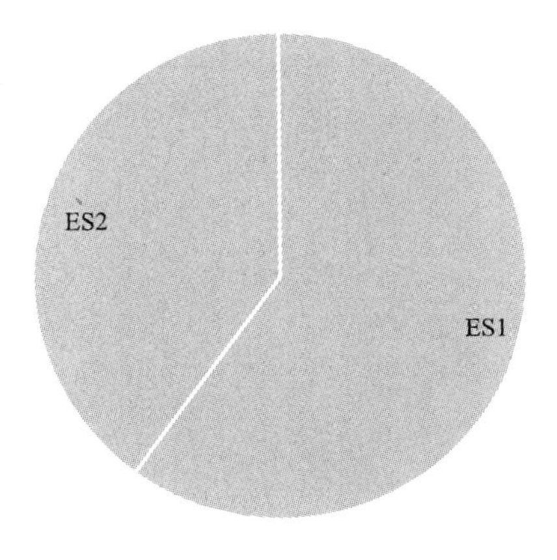

相对权重	绝对权重	子类别	
60	9	ES1	污水处理与管理
40	6	ES2	环境管理

ES1 污水处理与管理

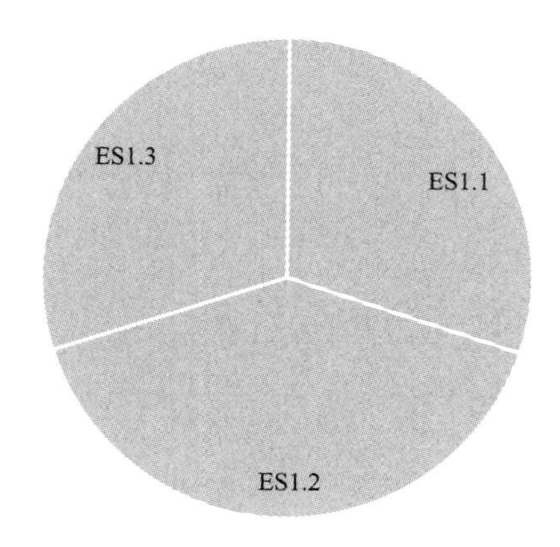

相对权重	绝对权重	指标	
30	2.7	ES1.1	污水处理服务运营和控制的保证
9.09	0.2455		P1
13.64	0.3682		P2
4.55	0.1227		P3
13.64	0.3682		P4
13.64	0.3682		P5
9.09	0.2455		P6
13.64	0.3682		P7
4.55	0.1227		P8
9.09	0.2455		P9
4.55	0.1227		P10
4.55	0.1227		P11
40	3.6	ES1.2	污水处理设施的可用性
30	2.7	ES1.3	污水排放的合规性

ES2 环境管理

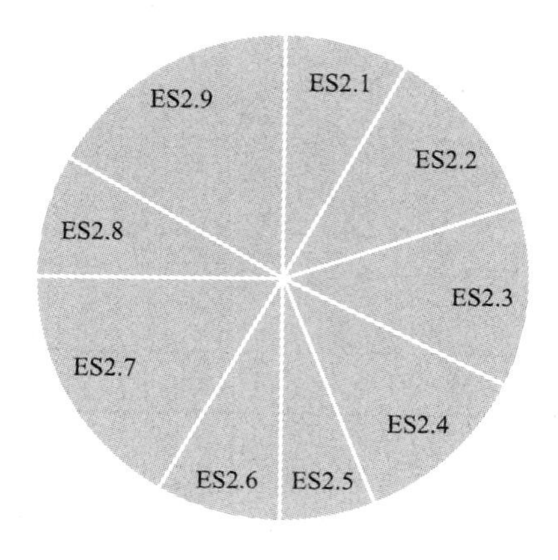

相对权重	绝对权重	指标	
8	0.48	ES2.1	环境管理框架
16.67	0.08		P1
33.33	0.16		P2
50.00	0.24		P3
12	0.72	ES2.2	规划中的环境意义
17.65	0.1271		P1
11.76	0.0847		P2
11.76	0.0847		P3
11.76	0.0847		P4
11.76	0.0847		P5
11.76	0.0847		P6
5.88	0.0424		P7
17.65	0.1271		P8
12	0.72	ES2.3	环境的运营及促进
15.38	0.1108		P1
15.38	0.1108		P2
15.38	0.1108		P3
7.69	0.1108		P4
15.38	0.1108		P5
15.38	0.1108		P6
7.69	0.0554		P7
7.69	0.1108		P8
12	0.72	ES2.4	与可再生资源相关的取水量
6	0.36	ES2.5	能源消耗平衡
8	0.48	ES2.6	饮用水和/或污水管理中相关的温室气体排放
17	1.02	ES2.7	处理过程中所产生污泥的相关环境管理
8	0.48	ES2.8	水资源利用
17	1.02	ES2.9	环境法规的合规性

后 记

2015 年 6 月在国家水体污染控制与治理科技重大专项下“江苏省城乡统筹区域供水绩效评估与管理研究任务”启动初期，我们一直关注的美洲开发银行与国际水协会合作研发的一套全新的水务评估体系已经取得了初步应用成果，这套以 AquaRating 命名的评估系统专用于评估饮用水和污水服务公司，其将服务项目划分为最佳实践、运行指标和信息质量，并将每个评估项的结果都以定量化数据表示，累计形成最终企业的总得分。我们在江苏省城乡统筹供水企业绩效评估方法的研究以及评估模型的开发中借鉴了 AquaRating 评估方法，结合我国供水行业和江苏省城乡统筹供水企业绩效评估的实际需求，确定了江苏省城乡统筹供水企业的评估体系框架和评估模型。在这期间，我们得到了本书作者佛朗西斯科·古比路先生和国际水协会雷蒙·普吉内洛普先生的大力支持，得到了国际水协会中国代表处李涛博士的积极协调和全力帮助，再次深表感谢。

为便于大家深入了解 AquaRating，我们将全书翻译成中文，以飨读者。